中外哲学典籍大全
总主编 李铁映 王伟光

外国哲学典籍卷

悲剧的诞生

〔德〕尼采 著

孙周兴 译

商务印书馆
创于1897 The Commercial Press

Friedrich Nietzsche
DIE GEBURT DER TRAGÖDIE

Sämtliche Werke, Kritische Studienausgabe in 15 Bänden
KSA 1: Die Geburt der Tragödie

Herausgegeben von Giorgio Colli und Mazzino Montinari
2.durchgesehene Auflage 1988

本书根据科利/蒙提那里考订研究版《尼采著作全集》
(KSA)第1卷第9—156页译出,并根据第14卷补译了相应的编者注释。

中外哲学典籍大全
总　　序

《中外哲学典籍大全》的编纂，是一项既有时代价值又有历史意义的重大工程。

中华民族经过了近一百八十年的艰苦奋斗，迎来了中国近代以来最好的发展时期，迎来了奋力实现中华民族伟大复兴的时期。中华民族只有总结古今中外的一切思想成就，才能并肩世界历史发展的大势。为此，我们须要编纂一部汇集中外古今哲学典籍的经典集成，为中华民族的伟大复兴、为人类命运共同体的建设、为人类社会的进步，提供哲学思想的精粹。

哲学是思想的花朵、文明的灵魂、精神的王冠。一个国家、民族，要兴旺发达，拥有光明的未来，就必须拥有精深的理论思维，拥有自己的哲学。哲学是推动社会变革和发展的理论力量，是激发人的精神砥石。哲学能够解放思想，净化心灵，照亮人类前行的道路。伟大的时代需要精邃的哲学。

一　哲学是智慧之学

哲学是什么？这既是一个古老的问题，又是哲学永恒的话题。追问“哲学是什么”，本身就是“哲学”问题。从哲学成为思维的那一天起，哲学家们就在不停的追问中发展、丰富哲学的篇章，给出一张又一张答卷。每个时代的哲学家对这个问题都有自己的诠释。哲学是什么，是悬在人类智慧面前的永恒之问，这正是哲学之为哲学的基本特点。

哲学是全部世界的观念形态、精神本质。人类面临的共同问题，是哲学研究的根本对象。本体论、认识论、世界观、人生观、价值观、实践论、方法论等，仍是哲学的基本问题，是哲学的生命力所在！哲学研究的是世界万物的根本性、本质性问题。人们已经对哲学作出许多具体定义，但我们可以尝试再用“遮诠”的方式描述哲学的一些特点，从而使人们加深对“何为哲学”的认识。

哲学不是玄虚之观。哲学来自人类实践，关乎人生。哲学对现实存在的一切追根究底、“打破砂锅问到底”。它不仅是问“是什么（being）”，而且主要是追问“为什么（why）”，特别是追问“为什么的为什么”。它关注整个宇宙，关注整个人类的命运，关注人生。它关心柴米油盐酱醋茶和人的生命的关系，关心人工智能对人类社会的挑战。哲学是对一切实践经验的理论升华，它关心具体现象背后的根据，关心“人类如何会更好”。

哲学是在根本层面上追问自然、社会和人本身，以彻底的态度反思已有的观念和认识，从价值理想出发把握生活的目标和历史的趋势，从而展示了人类理性思维的高度，凝结了民族进步的智慧，寄托了人们热爱光明、追求真善美的情怀。道不远人，人能弘道。哲学是把握世界、洞悉未来的学问，是思想解放与自由的大门！

古希腊的哲学家们被称为“望天者”。亚里士多德在《形而上学》一书中说:“最初人们通过好奇—惊赞来做哲学。”如果说知识源于好奇的话,那么产生哲学的好奇心,必须是大好奇心。这种“大好奇心”只为一件“大事因缘”而来。所谓“大事”,就是天地之间一切事物的“为什么”。哲学精神,是“家事、国事、天下事,事事要问”,是一种永远追问的精神。

哲学不只是思想。哲学将思维本身作为自己的研究对象之一,对思想本身进行反思。哲学不是一般的知识体系,而是把知识概念作为研究的对象,追问“什么才是知识的真正来源和根据”。哲学的“非对象性”的思维方式,不是“纯形式”的推论原则,而有其“非对象性”之对象。哲学不断追求真理,是认识的精粹,是一个理论与实践兼而有之的过程。哲学追求真理的过程本身就显现了哲学的本质。天地之浩瀚,变化之奥妙,正是哲思的玄妙之处。

哲学不是宣示绝对性的教义教条,哲学反对一切形式的绝对。哲学解放束缚,意味着从一切思想教条中解放人类自身。哲学给了我们彻底反思过去的思想自由,给了我们深刻洞察未来的思想能力。哲学就是解放之学,是圣火和利剑。

哲学不是一般的知识。哲学追求“大智慧”。佛教讲“转识成智”,“识”与“智”之间的关系相当于知识与哲学的关系。一般知识是依据于具体认识对象而来的、有所依有所待的“识”,而哲学则是超越于具体对象之上的“智”。

公元前六世纪,中国的老子说:“大方无隅,大器晚成,大音希声,大象无形,道隐无名。夫唯道,善贷且成。”又说:“反者道之动,弱者道之用。天下万物生于有,有生于无。”对“道”的追求就是对有之为有、无形无名的探究,就是对“天地何以如此”的探究。这种追求，使得哲学具有了天地之大用，具有了超越有形有名之有限经验的大智慧。这种大智慧、大用途，超越一切限制的篱笆，具有趋向无限的解放能力。

哲学不是经验科学，但又与经验有联系。哲学从其诞生之日起，就包含于科学形态之中，是以科学形态出现的。哲学是以理性的方式、概念的方式、论证的方式来思考宇宙与人生的根本问题。在亚里士多德那里，凡是研究"实体（ousia）"的学问，都叫作"哲学"。而"第一实体"则是存在者中的"第一个"。研究"第一实体"的学问被称为"神学"，也就是"形而上学"，这正是后世所谓"哲学"。一般意义上的科学正是从"哲学"最初的意义上赢得自己最原初的规定性的。哲学虽然不是经验科学，却为科学划定了意义的范围，指明了方向。哲学最后必定指向宇宙、人生的根本问题，大科学家的工作在深层意义上总是具有哲学的意味，牛顿和爱因斯坦就是这样的典范。

哲学既不是自然科学，也不是文学、艺术，但在自然科学的前头，哲学的道路展现了；在文学、艺术的山顶，哲学的天梯出现了。哲学不断地激发人的探索和创造精神，使人在认识世界的过程中不断达到新境界，在改造世界的过程中从必然王国到达自由王国。

哲学不断从最根本的问题再次出发。哲学史在一定意义上就是不断重构新的世界观、认识人类自身的历史。哲学的历史呈现，正是对哲学的创造本性的最好说明。哲学史上每一个哲学家对根本问题的思考，都在为哲学添加新思维、新向度，犹如为天籁山上不断增添一只只黄鹂、翠鸟。

如果说哲学是哲学史的连续展现中所具有的统一性特征，那么这种"一"是在"多"个哲学的创造中实现的。如果说每一种哲学体系都追求一种体系性的"一"的话，那么每种"一"的体系之间都存在着千丝相联、多方组合的关系。这正是哲学史昭示于我们的哲学之多样性的意义。多样性与统一性的依存关系，正是哲学寻求现象与本质、具体与普遍相统一的辩证之意义。

哲学的追求是人类精神的自然趋向，是精神自由的花朵。哲学是思想的自由，是自由的思想。

中国哲学是中华民族五千年文明传统中最为内在、最为深刻、最为持久的精神追求和价值观表达。中国哲学已经化为中国人的思维方式、生活态度、道德准则、人生追求、精神境界。中国人的科学技术、伦理道德、小家大国、中医药学、诗歌文学、绘画书法、武术拳法、乡规民俗，乃至日常生活都浸润着中国哲学的精神。华夏文明虽历经磨难而能够透魄醒神、坚韧屹立，正是来自于中国哲学深邃的思维和创造力。

先秦时代，老子、孔子、庄子、孙子、韩非子等诸子之间的百家争鸣，就是哲学精神在中国的展现，是中国人思想解放的第一次大爆发。两汉四百多年的思想和制度，是诸子百家思想在争鸣过程中大整合的结果。魏晋之际玄学的发生，则是儒道冲破各自藩篱、彼此互动互补的结果，形成了儒家独尊的态势。隋唐三百年，佛教深入中国文化，又一次带来了思想的大融合和大解放。禅宗的形成就是这一融合和解放的结果。两宋三百多年，中国哲学迎来了第三次大解放。儒释道三教之间的互润互持日趋深入，朱熹的理学和陆象山的心学，就是这一思想潮流的哲学结晶。

与古希腊哲学强调沉思和理论建构不同，中国哲学的旨趣在于实践人文关怀，它更关注实践的义理性意义。在中国哲学当中，知与行从未分离，有着深厚的实践观点和生活观点。伦理道德观是中国哲学的贡献。马克思说："全部社会生活在本质上是实践的。"实践的观点、生活的观点也正是马克思主义认识论的基本观点。这种哲学上的契合性，正是马克思主义能够在中国扎根并不断中国化的哲学原因。

"实事求是"是中国的一句古话，在今天已成为深邃的哲理，成为中国人的思维方式和行为基准。实事求是就是解放思想，解放思想就是实事求是。实事求是是毛泽东思想的精髓，是改革开放的基石。只有解放思想才能实事求是。实事求是就是中国人始终坚持的哲学思想。实事求是就是依靠自己，走自己的道路，反对一切绝对观念。所谓中国化就是一切从中国实际出发，一切理论必须符合中国实际。

二　哲学的多样性

实践是人的存在形式，是哲学之母。实践是思维的动力、源泉、价值、标准。人们认识世界、探索规律的根本目的是改造世界、完善自己。哲学问题的提出和回答都离不开实践。马克思有句名言："哲学家们只是用不同的方式解释世界，而问题在于改变世界。"理论只有成为人的精神智慧，才具有改变世界的力量。

哲学关心人类命运。时代的哲学，必定关心时代的命运。对时代命运的关心就是对人类实践和命运的关心。人在实践中产生的一切都具有现实性。哲学的实践性必定带来哲学的现实性。哲学的现实性就是强调人在不断回答实践中的各种问题时应该具有的态度。

哲学作为一门科学是现实的。哲学是一门回答并解释现实的学问；哲学是人们联系实际、面对现实的思想。可以说哲学是现实的最本质的理论，也是本质的最现实的理论。哲学始终追问现实的发展和变化。哲学存在于实践中，也必定在现实中发展。哲学的现实性要求我们直面实践本身。

哲学不是简单跟在实践后面，成为当下实践的“奴仆”，而是以特有的深邃方式，关注着实践的发展，提升人的实践水平，为社会实践提供理论支撑。从直接的、急功近利的要求出发来理解和从事哲学，无异于向哲学提出它本身不可能完成的任务。哲学是深沉的反思、厚重的智慧，是对事物的抽象、理论的把握。哲学是人类把握世界最深邃的理论思维。

哲学是立足人的学问，是人用于理解世界、把握世界、改造世界的智慧之学。“民之所好，好之，民之所恶，恶之。”哲学的目的是为了人。用哲学理解外在的世界，理解人本身，也是为了用哲学改造世界、改造人。哲学研究无禁区，无终无界，与宇宙同在，与人类同在。

存在是多样的，发展亦是多样的，这是客观世界的必然。宇宙万物本身是多样的存在，多样的变化。历史表明，每一民族的文化都有其独特的价值。文化的多样性是自然律，是动力，是生命力。各民族文化之间的相互借鉴、补充浸染，共同推动着人类社会的发展和繁荣，这是规律。对象的多样性、复杂性，决定了哲学的多样性；即使对同一事物，人们也会产生不同的哲学认识，形成不同的哲学派别。哲学观点、思潮、流派及其表现形式上的区别，来自于哲学的时代性、地域性和民族性的差异。世界哲学是不同民族的哲学的荟萃。多样性构成了世界，百花齐放形成了花园。不同的民族会有不同风格的哲学。恰恰是哲学的民族性，使不同的哲学都可以在世界舞台上演绎出各种“戏剧”。不同民族即使有相似的哲学观点，在实践中的表达和运用也会各有特色。

人类的实践是多方面的，具有多样性、发展性，大体可以分为：改造自然界的实践、改造人类社会的实践、完善人本身的实践、提升人的精神世界的精神活动。人是实践中的人，实践是人的生命的第一属性。实践的社会性决定了哲学的社会性，哲学不是脱离社会现实生活的某种遐想，而是社会现实生活的观念形态，是文明进步的重要标志，是人的发展水平的重要维度。哲学的发展状况，反映着一个社会人的理性成熟程度，反映着这个社会的文明程度。

哲学史实质上是对自然史、社会史、人的发展史和人类思维史的总结和概括。自然界是多样的，社会是多样的，人类思维是多样的。所谓哲学的多样性，就是哲学基本观念、理论学说、方法的异同，是哲学思维方式上的多姿多彩。哲学的多样性是哲学的常态，是哲学进步、发展和繁荣的标志。哲学是人的哲学，哲学是人对事物的自觉，是人对外界和自我认识的学问，也是人把握世界和自我的学问。哲学的多样性，是哲学的常态和必然，是哲学发展和繁荣的内在动力。一般是普遍性，特色也是普遍性。从单一性到多样性，从简单性到复杂性，是哲学思维的一大变革。用一种哲学话语和方法否定另一种哲学话语和方法，这本身就不是哲学的态度。

多样性并不否定共同性、统一性、普遍性。物质和精神、存在和意识，一切事物都是在运动、变化中的，是哲学的基本问题，也是我们的基本哲学观点！

当今的世界如此纷繁复杂，哲学多样性就是世界多样性的反映。哲学是以观念形态表现出的现实世界。哲学的多样性，就是文明多样性和人类历史发展多样性的表达。多样性是宇宙之道。

哲学的实践性、多样性还体现在哲学的时代性上。哲学总是特定时代精神的精华，是一定历史条件下人的反思活动的理论形态。在不同的时代，哲学具有不同的内容和形式。哲学的多样性，也是历史时代多样性的表达，让我们能够更科学地理解不同历史时代，更为内在地理解历史发展的道理。多样性是历史之道。

哲学之所以能发挥解放思想的作用，原因就在于它始终关注实践，关注现实的发展；在于它始终关注着科学技术的进步。哲学本身没有绝对空间，没有自在的世界，只能是客观世界的映象、观念的形态。没有了现实性，哲学就远离人，远离了存在。哲学的实践性说到底是在说明哲学本质上是人的哲学，是人的思维，是为了人的科学！哲学的实践性、多样性告诉我们，哲学必须百花齐放、百家争鸣。哲学的发展首先要解放自己，解放哲学，也就是实现思维、观念及范式的变革。人类发展也必须多途并进、交流互鉴、共同繁荣。采百花之粉，才能酿天下之蜜。

三　哲学与当代中国

中国自古以来就有思辨的传统，中国思想史上的百家争鸣就是哲学繁荣的史象。哲学是历史发展的号角。中国思想文化的每一次大跃升，都是哲学解放的结果。中国古代贤哲的思想传承至今，他们的智慧已浸入中国人的精神境界和生命情怀。

中国共产党人历来重视哲学。1938 年，毛泽东同志在抗日战争最困难的时期，在延安研究哲学，创作了《实践论》和《矛盾论》，推动了中国革命的思想解放，成为中国人民的精神力量。

中华民族的伟大复兴必将迎来中国哲学的新发展。当代中国必须要有自己的哲学，当代中国的哲学必须要从根本上讲清楚中国道路的哲学内涵。中华民族的伟大复兴必须要有哲学的思维，必须要有不断深入的反思。发展的道路就是哲思的道路；文化的自信就是哲学思维的自信。哲学是引领者，可谓永恒的“北斗”，哲学是时代的“火焰”，是时代最精致最深刻的“光芒”。从社会变革的意义上说，任何一次巨大的社会变革，总是以理论思维为先导。理论的变革总是以思想观念的空前解放为前提，而“吹响”人类思想解放第一声“号角”的，往往就是代表时代精神精华的哲学。社会实践对于哲学的需求可谓“迫不及待”，因为哲学总是“吹响”新的时代的“号角”。“吹响”中国改革开放之“号角”的，正是“解放思想”“实践是检验真理的唯一标准”“不改革死路一条”等哲学观念。“吹响”新时代“号角”的是“中国梦”“人民对美好生活的向往，就是我们奋斗的目标”。发展是人类社会永恒的动力，变革是社会解放的永恒的课题，思想解放、解放思想是无尽的哲思。中国正走在理论和实践的双重探索之路上，搞探索没有哲学不成！

中国哲学的新发展，必须反映中国与世界最新的实践成果，必须反映科学的最新成果，必须具有走向未来的思想力量。今天的中国人所面临的历史时代，是史无前例的。14 亿人齐步迈向现代化，这是怎样的一幅历史画卷！是何等壮丽、令人震撼！不仅中国亘古未有，在世界历史上也从未有过。当今中国需要的哲学，是结合天道、地理、人德的哲学，是整合古今中外的哲学，只有这样的哲学才是中华民族伟大复兴的哲学。

当今中国需要的哲学，必须是适合中国的哲学。无论古今中外，再好的东西，也需要经过再吸收、再消化，经过现代化、中国化，才能成为今天中国自己的哲学。哲学的目的是解放人，哲学自身的发展也是一次思想解放，也是人的一次思维升华、羽化的过程。中国人的思想解放，总是随着历史不断进行的。历史有多长，思想解放的道路就有多长；发展进步是永恒的，思想解放也是永无止境的；思想解放就是哲学的解放。

习近平同志在 2013 年 8 月 19 日重要讲话中指出，思想工作就是“引导人们更加全面客观地认识当代中国、看待外部世界”。这就需要我们确立一种“知己知彼”的知识态度和理论立场，而哲学则是对文明价值核心最精炼和最集中的深邃性表达，有助于我们认识中国、认识世界。立足中国、认识中国，需要我们审视我们走过的道路；立足中国、认识世界，需要我们观察和借鉴世界历史上的不同文化。中国“独特的文化传统”、中国“独特的历史命运”、中国“独特的基本国情”，决定了我们必然要走适合自己特点的发展道路。一切现实的、存在的社会制度，其形态都是具体的，都是特色的，都必须是符合本国实际的。抽象的或所谓“普世”的制度是不存在的。同时，我们要全面、客观地“看待外部世界”。研究古今中外的哲学，是中国认识世界、认识人类史、认识自己未来发展的必修课。今天中国的发展不仅要读中国书，还要读世界书。不仅要学习自然科学、社会科学的经典，更要学习哲学的经典。当前，中国正走在实现“中国梦”的“长征”路上，这也正是一条思想不断解放的道路！要回答中国的问题，解释中国的发展，首先需要哲学思维本身的解放。哲学的发展，就是哲学的解放，这是由哲学的实践性、时代性所决定的。哲学无禁区、无疆界。哲学关乎宇宙之精神，关乎人类之思想。哲学将与宇宙、人类同在。

四 哲学典籍

《中外哲学典籍大全》的编纂，是要让中国人能研究中外哲学经典，吸收人类思想的精华；是要提升我们的思维，让中国人的思想更加理性、更加科学、更加智慧。

中国有盛世修典的传统，如中国古代的多部典籍类书（如《永乐大典》《四库全书》等）。在新时代编纂《中外哲学典籍大全》，是我们的历史使命，是民族复兴的重大思想工程。

只有学习和借鉴人类思想的成就，才能实现我们自己的发展，走向未来。《中外哲学典籍大全》的编纂，就是在思维层面上，在智慧境界中，继承自己的精神文明，学习世界优秀文化。这是我们的必修课。

不同文化之间的交流、合作和友谊，必须在哲学层面上获得相互认同和借鉴。哲学之间的对话和倾听，才是从心到心的交流。《中外哲学典籍大全》的编纂，就是在搭建心心相通的桥梁。

我们编纂的这套哲学典籍大全包括四个方面的内容：一是中国哲学，整理中国历史上的思想典籍，浓缩中国思想史上的精华；

二是外国哲学，主要是西方哲学，以吸收、借鉴人类发展的优秀哲学成果；三是马克思主义哲学，展示马克思主义哲学中国化的成就；四是中国近现代以来的哲学成果，特别是马克思主义在中国的发展。

编纂《中外哲学典籍大全》，是中国哲学界早有的心愿，也是哲学界的一份奉献。《中外哲学典籍大全》总结的是经典中的思想，是先哲们的思维，是前人的足迹。我们希望把它们奉献给后来人，使他们能够站在前人的肩膀上，站在历史岸边看待自身。

《中外哲学典籍大全》的编纂，是以"知以藏往"的方式实现"神以知来"；《中外哲学典籍大全》的编纂，是通过对中外哲学历史的"原始反终"，从人类共同面临的根本大问题出发，在哲学生生不息的道路上，彩绘出人类文明进步的盛德大业！

发展的中国，既是一个政治、经济大国，也是一个文化大国，也必将是一个哲学大国、思想王国。人类的精神文明成果是不分国界的，哲学的边界是实践，实践的永恒性是哲学的永续线性，敞开胸怀拥抱人类文明成就，是一个民族和国家自强自立，始终伫立于人类文明潮流的根本条件。

拥抱世界、拥抱未来、走向复兴，构建中国人的世界观、人生观、价值观、方法论，这是中国人的视野、情怀，也是中国哲学家的愿望！

李铁映

二〇一八年八月

关于外国哲学
——“外国哲学典籍卷”弁言

李铁映

有人类，有人类的活动，就有文化，就有思维，就有哲学。哲学是人类文明的精华。文化是人的实践的精神形态。

人类初蒙，问天究地，思来想去，就是萌味之初的哲学思考。

文明之初，如埃及法老的文化；两河流域的西亚文明；印度的吠陀时代，都有哲学的意蕴。

欧洲古希腊古罗马文明等，拉丁美洲的印第安文明，玛雅文化，都是哲学的初萌。

文化即一般存在，而哲学是文化的灵魂。文化是哲学的基础，社会存在。文化不等同于哲学，但没有文化的哲学，是空中楼阁。哲学产生于人类的生产、生活，概言之，即产生于人类的实践。是人类对自然、社会、人身体、人的精神的认识。

但历史的悲剧，发生在许多文明的消失。文化的灭绝是人类最大的痛疚。

只有自己的经验，才是最真实的。只有自己的道路才是最好的路。自己的路，是自己走出来的。世界各个民族在自己的历史上，也在不断的探索自己的路，形成自己生存、发展的哲学。

知行是合一的。知来自于行，哲学打开了人的天聪，睁开了眼睛。

欧洲哲学，作为学术对人类的发展曾作出过大贡献，启迪了人们的思想。特别是在自然科学、经济学、医学、文化等方面的哲学，达到了当时人类认识的高峰。欧洲哲学是欧洲历史的产物，是欧洲人对物质、精神的探究。欧洲哲学也吸收了世界各民族的思想。它对哲学的研究，对世界的影响，特别是在思维观念、语意思维的层面，构成了新认知。

历史上，有许多智者，研究世界、自然和人本身。人类社会产生许多观念，解读世界，解释人的认识和思维，形成了一些哲学的流派。这些思想对人类思维和文化的发展，有重大作用，是人类进步的力量。但不能把哲学仅看成是一些学者的论说。哲学最根本的智慧来源于人类的实践，来源于人类的生产和生活。任何学说的真价值都是由人的实践为判据的。

哲学研究的是物质和精神，存在和思维，宇宙和人世间的诸多问题。可以说一切涉及人类、人本身和自然的深邃的问题，都是哲学的对象。哲学是人的思维，是为人服务的。

资本主义社会，就是资本控制的社会。资本主义社会的文化、哲学，有着浓厚的铜臭。

有什么样的人类社会，就会有什么样的哲学，不足为怪。应深思“为什么?”“为什么的为什么?”这就是哲学之问，是哲学发展的自然律。哲学尚回答不了的问题，正是哲学发展之时。

哲学研究人类社会，当然有意识形态性质。哲学产生于一定社会，当然要为它服务。人类的历史，长期是阶级斗争的历史，而哲学作为上层建筑，是意识形态。阶级斗争的意识，深刻影响着意识形态，哲学也如此。为了殖民、压迫、剥削……社会的资本化，文化也随之资本化。许多人性的、精神扭曲的东西通过文化也资本化。如色情业、毒品业、枪支业、黑社会、政治献金，各种资本的社会形态成了资本社会的基石。这些社会、人性的变态，逐渐社会化、合法化，使人性变得都扭曲、丑恶。社会资本化、文化资本化、人性的资本化，精神、哲学成了资本的外衣。真的、美的、好的何在?！令人战栗!!

哲学的光芒也腐败了，失其真！资本的洪水冲刷之后的大地苍茫……

人类社会不是一片净土，是有污浊渣滓的，一切发展、进步都要排放自身不需要的垃圾，社会发展也如此。进步和发展是要逐步剔除这些污泥浊水。但资本揭开了魔窟，打开了潘多拉魔盒，呜呜！这些哲学也必然带有其诈骗、愚昧人民之魔术。

外国哲学正是这些国家、民族对自己的存在、未来的思考，是他们自己的生产、生活的实践的意识。

哲学不是天条，不是绝对的化身。没有人，没有人的实践，哪来人的哲学？归根结底，哲学是人类社会的产物。

哲学的功能在于解放人的思想，哲学能够使人从桎梏中解放出来，找到自己的自信的生存之道。

欧洲哲学的特点，是欧洲历史文化的结节，它的一个特点，是与神学粘联在一起，与宗教有着深厚的渊源。它的另一个特点是私有制、个人主义。使人际之间关系冷漠，资本主义的殖民主义，对世界的奴役、暴力、战争，和这种哲学密切相关。

马克思恩格斯突破了欧洲资本主义哲学，突破了欧洲哲学的神学框架，批判了欧洲哲学的私有制个人主义体系，举起了历史唯物主义，唯物辩证法的大旗，解放了全人类的头脑。人类从此知道了自己的历史，看到了未来光明。社会主义兴起，殖民主义解体，被压迫人民的解放斗争，正是马哲的力量。没有马哲对西方哲学的批判，就没有今天的世界。

二十一世纪将是哲学大发展的世纪，是人类解放的世纪，是人类走向新的辉煌的世纪。不仅是霸权主义的崩塌，更是资本主义的存亡之际，人类共同体的哲学必将兴起。

哲学解放了人类，人类必将创造辉煌的新时代，创造新时代的哲学。英特纳雄耐尔就一定会实现，这就是哲学的力量。未来属于人民，人民万岁！

悲剧的诞生

中文版凡例

一、本书根据科利/蒙提那里编辑的15卷本考订研究版《尼采著作全集》(Sämtliche Werke, Kritische Studienausgabe in 15 Bänden,简称“科利版”)第1卷(KSA 1:Die Geburt der Tragödie)译出。

二、中文版力求严格对应于原著。凡文中出现的各式符号亦尽量予以原样保留。唯在标点符号上,如引号的使用,在中文版中稍有一些变动,以合乎现代汉语的习惯用法。原版斜体字在中文版中以重点号标示。

三、文中注释分为“编注”和“译注”两种。“编注”是译者根据科利版《尼采著作全集》第14卷第41—59页(对科利版第1卷《悲剧的诞生》部分的注解)译出的,补入正文相应文字中,以方便读者的阅读和研究。

四、科利版原版页码在中文版相应位置中被标为边码。“编注”中出现的对本书内容的文献指引,中文版以原版译码标识。由于中文版把原版单独成卷(第14卷)的“编注”改为当页脚注,故已没有太大的必要标出原版为方便注释而作的行号。相应地,“编注”中出现的行号说明也予以放弃,而改为如下形式:××××

×……]，表明该“编注”涵盖的范围从×××××到该“编注”号码所标记之处。

针对短句、短语或词语的“编注”，在中文版中标示为：短句、短语或词语]。

五、中译者主张最大汉化的翻译原则，在译文中尽量不采用原版编注中使用的缩写和简写形式，而是把它们还原为相应的中文全称。原版编注中对尼采本人著作的文献指引（包括不同版本的文集、单行本）均以缩写形式标示，如以“JGB”表示《善恶的彼岸》，在中文版中一概还原为著作名；原版编注中对科利版《尼采著作全集》诸卷的文献指引，中文版均以中文简写形式“科利版加卷号”的方式标示。

目　录

一种自我批评的尝试① 11

(一)

无论这本可疑的书是以什么为根基的,它都必定含着一个头等重要的、富有吸引力的问题,而且还是一个十分个人化的问题——相关的证据是本书的写作年代,**尽管**是在1870—1871年普

① 参看科利版第12卷:2[110,111,113,114]。笔记本WI8[译按:四开本。290页。计划、构思、残篇。有关《善恶的彼岸》以及1886/1887年序言的笔记。1885年秋至1886年秋。科利版第12卷:2],第107—108页(最初稿本):也许我现在会更小心、更少确信地来谈论如此艰难的心理学问题,一如它们在希腊人那里构成悲剧的起源。一个基本问题是希腊人对于痛苦的关系,希腊人的敏感性程度,以及希腊人对美的要求是否起于一种对假象中的自欺的要求,起于对"真理"和"现实性"的厌恶。这一点是我当时所相信的;现在我会在其中发现一种个人的浪漫主义的表达(——据此我诚然注定要有一会儿屈服于以往所有伟大的浪漫主义者的魔力——)。——希腊人那里的狄奥尼索斯的疯狂具有何种意义?这个难题是语文学家和喜欢古代的人们根本没有感受到的;我在答案中置入了关于一般希腊本质的可理解性的问题。希腊人被设定为迄今为止的人类中最完美和最强大的类型:悲观主义与他们的关系如何?悲观主义只是失败的征兆吗?还有,如果在希腊人身上也不无悲观主义,那么,也许悲观主义就表现为下降力量的标志、正在临近的衰老、生理上的败坏?不是的,完全相反:希腊人,以其丰富的力量,以充沛年轻健康,乃是悲观主义者;随着不断增长的虚弱,他们恰恰变得越来越乐观主义、越来越肤浅了,越来越热切地追求逻辑和对世界的逻辑化了。——难题:怎么回事?莫非恰恰乐观主义才是虚弱感的征兆么?——所以我觉得伊壁鸠鲁——是受苦者。[107]求悲观主义的意志乃是强壮和威严的标志:人们不怕承认可怕之物。在它背后站着勇气、骄傲、对一个伟大敌人的要求。此乃我的全新视角。(接下页)

法战争那骚动不安的年头，它还是成书了。当沃尔特[①]会战的炮声响彻欧洲时，本书作者，一个爱好冥思和猜谜的人，却坐在阿尔卑斯山的一隅，沉浸于冥想和解谜，因而既忧心忡忡又无忧无虑，记下了他有关希腊人的种种思想——那是这本奇特而艰深的书的核心所在。眼下这篇晚到的序言(或者说后记)就是为这本书而作的。[②]几个星期以后，本书作者身处梅斯[③]城下，总还摆脱不了他对

(接上页)——遗憾的是，当时我还没有勇气在任何方面都用一种本己的语言来表达如此本己的观点；而且我寻求用叔本华的公式来表达事物，而在叔本华的心灵内部，不可能有一种体验是与这些事物相吻合的：人们倒是听说叔本华是怎样谈论希腊悲剧的——而且这样一种沮丧的、道德上的弃世断念态度对于一位狄奥尼索斯的青年来说必定显得多么遥远和虚假。——还更遗憾的是，通过把最现代的事物混合在一起，我败坏了伟大的希腊问题——我把希望与所有可能的艺术运动中最非希腊的运动联系起来，与瓦格纳的运动联系起来，并且开始虚构德国本质，仿佛它正好要发现自己似的。此间我学会了毫不留情地思考这种"德国本质"，同时也思考德国音乐的危险性——后者乃是头等的神经损害者，对于一个喜欢陶醉、把模糊当作美德的民族来说，以其双重特性既使人陶醉又令人发昏，是有双重危险的。现在，哪里有一个与在瓦格纳信徒那里一样的由模糊和病态神秘组成的泥潭呢？我有幸在某个时刻恍然大悟自己是归属于何方的——：在这个时刻，理查德·瓦格纳跟我谈论他善于从基督教圣餐中获得的心醉神迷。后来他还为此［＋＋＋］制作了音乐……［108］关于笔记本 W I 8，第 108 页的第一段文字：求悲观主义的意志……全新视角，可参看《人性的，太人性的》(1886 年版)，序言第 7 节。——编注

① 沃尔特(Wörth)：德国西南小城，1870 年 8 月上旬法国军队与普鲁士军队在此会战，法国落败。——译注

② 当沃尔特会战的炮声……］最初稿本：当沃尔特会战的炮声响彻震惊的欧洲时——我在阿尔卑斯山的一隅记下了本书的关键思想：根本上不怎么为我自己，而是为理查德·瓦格纳，直到那时，没有人对瓦格纳的希腊化和南方化特别上心。笔记本 W I 8，第 97 页。——编注

③ 梅斯(Metz)：法国东北部城市。——译注

于人们所谓的希腊人和希腊艺术的“明朗”①的疑问；直到最后，在那最紧张的一个月里，当人们在凡尔赛进行和谈时，他也与自己达成了和解，慢慢从一种从战场上带回来的疾病中恢复过来，终于把《悲剧从音乐精神中的诞生》②一书定稿了。——是从音乐中吗？12 是音乐与悲剧吗？是希腊人与悲剧音乐吗？是希腊人与悲观主义艺术作品③吗？迄今为止人类最完美、最美好、最令人羡慕、最具生命魅力的种类，这些希腊人——怎么？恰恰是他们**必需**悲剧吗？更有甚者——必需艺术吗？希腊艺术——究竟何为？……

人们猜得出来，我们于是把此在④之价值的大问号打在哪里了。难道悲观主义**必然地**是没落、沉沦、失败的标志，是疲惫和虚弱的本能的标志吗？——就如同在印度人那里，按照种种迹象来看，也如同在我们这里，在“现代”人和欧洲人这里？有一种**强者**的悲观主义吗？是一种基于惬意舒适、基于充溢的健康、基于此在之**充沛**而产生的对于此在之艰难、恐怖、凶恶、疑难的智性上的偏爱吗？兴许有一种因过度丰富而生的痛苦？一种极犀利的目光的试探性的勇敢，它**渴求**可怕之物有如渴求敌人，渴求那种相称的敌

---

① 此处“明朗”德语原文为 Heiterkeit，基本含义为“明亮”和“喜悦”，英译本作 serenity（宁静、明朗），前有“乐天”、“达观”之类的汉语译名，我以为并不恰当。尼采这里所指，或与温克尔曼在描述希腊古典时期雕塑作品时的著名说法“高贵的单纯，静穆的伟大”（edle Einfalt und stille Größe）相关，尽管后者并没有使用 Heiterkeit 一词。我们试把这个 Heiterkeit 译为“明朗”，似未尽其“喜悦”之义，不过中文的“朗”亦附带着一点欢快色彩的。——译注

② 此为全称，简称为《悲剧的诞生》。——译注

③ 艺术作品］付印稿：问题。——编注

④ 尼采未必是在哲学术语意义上使用 Dasein（此在）的，而经常取其“人生、生命”之义。我们在译文中把尼采使用的 Dasein 处理为“此在”或“人生此在”。——译注

人，以便能够以此来考验自己的力量？它要以此来了解什么是“恐惧”[①]吗？恰恰在最美好、最强大、最勇敢时代的希腊人那里，*悲剧*神话意味着什么呢？还有，那狄奥尼索斯的伟大现象意味着什么？从中诞生的悲剧又意味着什么？——另外，致使悲剧死亡的是道德的苏格拉底主义、辩证法、理论家的自满和快乐吗？——怎么？难道不就是这种苏格拉底主义，成了衰退、疲惫、疾病和错乱地消解的本能的标志吗？还有，后期希腊那种“希腊式的明朗”只不过是一种回光返照吗？*反对*悲观主义的伊壁鸠鲁意志，只不过是一种苦难者的谨慎吗？还有科学本身，我们的科学——是的，被视为生命之征兆的全部科学，究竟意味着什么呢？一切科学何为，更糟糕地，一切科学*从何而来*？怎么？兴许科学性只不过是一种对于
13 悲观主义的恐惧和逃避？一种敏锐的对*真理*的正当防卫？用道德的说法，是某种怯懦和虚伪的东西？而用非道德的说法，则是一种狡诈？呵，苏格拉底，苏格拉底啊，莫非这就是*你的*奥秘？呵，神秘的讽刺家啊，莫非这就是你的——反讽？

（二）

当时我着手把握的乃是某种可怕而危险的东西，是一个带角的难题，未必就是一头公牛，但无论如何都是一道*全新的*难题：今天我会说，它就是*科学问题*本身——科学第一次被理解为成问题的、可置疑的。可是，这本书，这本当年释放了我年轻的勇气和怀

---

① 了解什么是“恐惧”〕影射瓦格纳的西格弗里德。——编注

疑的书——从一项如此违逆青春的使命当中，必定产生出一本多么**不可能的**书啊！它是根据纯然超前的、极不成熟的自身体验而建构起来的，这些自身体验全都艰难地碰触到了可传达性的门槛，被置于**艺术**的基础上——因为科学问题是不可能在科学基础上被认识的——，也许是一本为兼具分析与反省能力的艺术家而写的书（也即一个例外的艺术家种类，人们必须寻找、但甚至于不愿寻找的一个艺术家种类……），充满心理学的创新和艺术家的秘密，背景里有一种艺术家的形而上学，是一部充满青春勇气和青春忧伤的青春作品，即便在表面上看来屈服于某种权威和个人敬仰之处，也还是独立的、倔强的、自主的，质言之，是一部处女作（哪怕是取此词的所有贬义），尽管它的问题是老旧的，尽管它沾染了青年人的全部毛病，特别是它"过于冗长"，带有"狂飙突进"色彩[①]。另一方面，从它所取得的成果来看（特别是在伟大艺术家理查德·瓦格纳那里——这本书原就是献给他的，好比一场与他的对话），它是一本**已经得到证明的书**，我指的是，它是一本至少使"它那个时 14
代最优秀的人物"[②]满意的书。有鉴于此，它本来是该得到某种顾惜和默许的；尽管如此，我仍不愿完全隐瞒，它现在让我觉得多么不快，十六年后的今天，它是多么陌生地摆在我的面前，——现在我有了一双益发老辣的、挑剔百倍的，但绝没有变得更冷酷些的眼睛，对于这本大胆之书首次敢于接近的那个使命本身，这双眼睛也还没有变得更陌生些，——这个使命就是：**用艺术家的透镜看科**

① 冗长"，带有"狂飙突进"色彩〕付印稿：大量"，它的"从不及时"。——编注

② "它那个时代最优秀的人物"〕参看席勒：《华伦斯坦的阵营》序幕。——编注

学，**而用生命的透镜看艺术**……

（三）

再说一遍，今天在我看来，这是一本不可能的书，——我的意思是说，它写得并不好，笨拙、难堪、比喻过度而形象混乱、易动感情、有时甜腻腻变得女人气、速度不均、毫无追求逻辑清晰性的意志、过于自信因而疏于证明、甚至怀疑证明的**适恰性**，作为一本写给知情人的书，作为给那些受过音乐洗礼、自始就根据共同而稀罕的艺术经验而联系在一起的人们演奏的“音乐”，作为那些在 artibus［艺术］上血缘相近者的识别标志，——这是一本高傲而狂热的书，从一开始就更多地拒绝“有教养者”的 profanum vulgus［俗众］，更甚于拒绝“民众百姓”，但正如它的效果已经证明并且还将证明的那样，它也必定十分善于寻找自己的狂热同盟，把他们引诱到新的隐秘小路和舞场上来。无论如何，在此说话的——人们带着好奇，同样也带着反感承认了这一点——乃是一种**陌生的**[1]声音，是一位依然“未知的神”的信徒，他暂时躲藏在学者的兜帽下，躲藏在德国人的严酷和辩证的厌倦乏味中，甚至于躲藏在瓦格纳信徒糟糕的举止态度中；这里有一种具有陌生而依然无名的需要的精神，一种充满着那些更多地像加一个问号那样被冠以狄奥尼索斯之名的问题、经验、隐秘之物的记忆；在这里说话的——人们狐疑地如是对自己说——乃是一个神秘的、近乎女祭司般狂乱的心灵，它劳累而任性，几乎不能决定

---

① **陌生的**］付印稿：全新的。——编注

它是要传达自己还是要隐瞒自己，仿佛是用他人的口舌结结巴巴地说话。它本当歌唱，这“全新的心灵”——而不是说话！多么遗憾啊，我不敢作为诗人说出当时必须说的话：也许我本来是做得到的！或者至少是作为语言学家——但即便在今天，对于语言学家来说，这个领域里几乎一切都有待发现和发掘！尤其是下面这个难题，即：这里有一个难题这样一个实情，——还有，只要我们还没有获得“什么是狄奥尼索斯的？”这一问题的答案，希腊人就一如既往地是完全未知的和不可设想的……

（四）

是啊，什么是狄奥尼索斯的呢？——本书对此作了解答，——其中讲话的是一位“有识之士”，是他自己的上帝的知情者和信徒。也许现在来谈论希腊悲剧的起源这样一个艰难的心理学问题，我会更谨慎一些了，更讷于辞令了。一个基本问题乃是希腊人与痛苦的关系，希腊人的敏感程度，——这种关系是一成不变的呢，还是发生了转变？——就是这样一个问题：希腊人越来越强烈的对美的渴求，对节庆、快乐、新崇拜的渴求，真的起于缺失、匮乏、伤感和痛苦吗？因为假如这恰恰是真的——而且伯里克利[①]（或者修昔底德[②]）在伟大的悼词中让我们明白了这一点，那么，在时间上

① 伯里克利（Perikles，约前495—约前429年）：古希腊政治家，雅典民主派领导人。——译注

② 修昔底德（Thukydides，约前460—约前400年）：古希腊历史学家，曾任雅典将军。著有《伯罗奔尼撒战争史》八卷。——译注

16 更早地显露出来的渴求必定从何而来，那种**对丑的渴求**，更古老的海勒人[①]那种追求悲观主义，追求悲剧神话，追求此在基础上一切恐怖的、邪恶的、神秘的、毁灭性的和灾难性的东西的美好而严肃的意志，——悲剧必定从何而来呢？莫非来自**快乐**，来自力量，来自充沛的健康，来自过大的丰富么？还有，在生理上来追问，那种产生出悲剧艺术和喜剧艺术的癫狂，狄奥尼索斯的癫狂，究竟有何意义呢？怎么？莫非癫狂未必是蜕化、衰败、迟暮文化的征兆么？也许有——一个对精神病医生提出的问题——一种**健康**的神经病？民族少年时代和民族青春期的神经病？萨蒂尔[②]身上神与羊的综合指示着什么呢？希腊人出于何种自身体验、根据何种冲动，才必定把狄奥尼索斯式的狂热者和原始人设想为萨蒂尔？还有，就悲剧歌队的起源而言：在希腊人的身体蓬勃盛开、希腊人的心灵活力迸发的那几个世纪里，兴许就有一种本地特有的心醉神迷？幻景和幻觉弥漫于整个城邦、整个祭祀集会吗？[③] 如果说希腊人正处于青春的丰富当中，具有追求悲剧的意志，成了悲观主义者，那又如何呢？如果说正是癫狂——用柏拉图的一句话[④]来说——给希腊带来了**极大的**福祉，那又如何呢？而另一方面，反过来说，

---

① 海勒人(Hellene)：古希腊人的自称。——译注

② 萨蒂尔(Satyr)：希腊神话中耽于淫欲的森林之神，有尾巴和羊足。——译注

③ 还有，在生理上来追问……] 最初稿本：最艰难的心理学问题之一：希腊人出于何种需要发明了萨蒂尔？根据何种体验？本地特有的心醉神迷，使整个城邦得以直观它所虚构和祈求的神祇，这一点似乎是所有古老文化所共有的(幻觉作为画家的原始力量传布于城邦)；各种程式，为的是达到这样一种高度的感性的和崇拜的激动。笔记本 W I 8，第 109 页。——编注

④ 柏拉图的一句话] 参看《斐德若篇》，244a；该引文也见于《人性的，太人性的》1878 年版第 144 节和《曙光》1881 年版第 14 节。——编注

如果希腊人正处于崩溃和虚弱时代，变得越来越乐观、肤浅、虚伪，越来越热衷于逻辑和对世界的逻辑化，因而也变得“更快乐”和“更科学”了，那又如何？怎么？也许，与一切“现代观念”和民主趣味的偏见相反，乐观主义的胜利，已经占了上风的理性，实践上和理论上的功利主义，类似于与它同时代的民主制，——可能是精力下 17
降、暮年将至、生理疲惫的一个征兆？而且，那不就是悲观主义吗？难道伊壁鸠鲁是一个乐观主义者——恰恰是因为他是受苦者？大家看到，这本书承荷着一大堆艰难的问题，——我们还要加上一个最艰难的问题！用生命的透镜来看，道德——意味着什么？……

（五）

在致理查德·瓦格纳的序言中，艺术——而不是道德——被说成是人类的真正形而上学的活动；正文中多次重复了如下若有所指的命题，即：唯有作为审美现象，世界之此在才是合理的。[①]实际上，全书只知道一切事件背后有一种艺术家的意义和艺术家的隐含意义，——如果人们愿意，也可以说只知道一位“神”，诚然只不过是一位毫无疑虑的和非道德的艺术家之神，这位神无论在建设中还是在破坏中，无论在善事中还是在坏事中，都想领受他同样的快乐和骄横，他在创造世界之际摆脱了由于丰富和过于丰富而引起的困厄，摆脱了在他身上麇集的种种矛盾带来的痛苦。世

① 正文中的表述不尽相同，如第 5 节中谓：唯有作为审美现象，此在与世界才是永远合理的。第 24 节中谓：唯有作为审美现象，此在与世界才显得是合理的。——译注

界，在任何一个瞬间里**已经达到**的神之拯救，作为那个只善于在**假象**（*Schein*）中自我解脱的最苦难者、最富于冲突和矛盾者的永远变化多端的、常新的幻觉：人们可以把这整个艺术家形而上学[1]称为任意的、多余的和幻想的——，个中要义却在于，它已然透露出一种精神，这种精神终将不顾一切危险，抵御和反抗有关此在的**道德**解释和**道德**意蕴。在这里，也许首次昭示出一种“超善恶”[2]的悲观主义，在这里，叔本华[3]不倦地先行用他最激愤的诅咒和责难加以抨击的那种“心智反常”[4]得到了表达，——此乃一种哲学，它
18 敢于把道德本身置入现象世界中，加以贬低，而且不是把它置于“现象界”（在唯心主义的 terminus technicus［专门术语］意义上）中，而是把它归入“欺骗”（Täuschungen）——作为假象、妄想、错误、解释、装扮、艺术。这种**反道德**倾向的深度，也许最好是根据我在全书中处理基督教时采用的谨慎而敌对的沉默姿态来加以考量，——基督教乃是迄今为止人类听到过的关于道德主题的最放纵的形象表现。事实上，与这本书中传授的纯粹审美的世界解释和世界辩护构成最大的对立的，莫过于基督教的学说了，后者**只**是道德的，而且**只**想是道德的，它以自己的绝对尺度，例如上帝的真实性，把艺术，把**任何一种**艺术，都逐入**谎言**王国之中，——也就是对艺术进行否定、诅咒和谴责。在这样一种只消有一定程度的真

---

① 此处“艺术家形而上学”原文为 Artisten-Metaphysik。尼采在本书中把艺术理解为“真正的形而上学活动”。——译注

② 尼采有同名著作《超善恶》(1886 年)，常被汉译为《善恶的彼岸》。——译注

③ 叔本华］参看《补遗》第 2 卷，第 107 页。——编注

④ 此处“心智反常”原文为 Perversität der Gesinnung，是叔本华在《补遗》第 2 卷中的表述。——译注

诚感、就一定以艺术为敌的思想方式和评价方式背后，我向来也感
受到那种对生命的敌视，那种对生命本身的愤怒的、有强烈复仇欲
的厌恶：因为一切生命都基于假象、艺术、欺骗、外观，以及透视和
错误的必然性之上。基督教根本上自始就彻底地是生命对于生命
的厌恶和厌倦，只不过是用对“另一种”或者“更好的”生命的信仰
来伪装、隐藏和装饰自己。对“世界”的仇恨、对情绪的诅咒、对美
和感性的恐惧，为了更好地诽谤此岸而虚构了一个彼岸，根本上就
是一种对虚无、终结、安息的要求，直至对“最后安息日”[①]的要
求——在我看来，恰如基督教那种只承认道德价值的绝对意志一
样，所有这一切始终有如一种“求没落的意志”的一切可能形式中
最危险的和最阴森可怕的形式，至少是生命重病、疲惫、郁闷、衰竭
的标志，——因为在道德面前（尤其是在基督教的、亦即绝对的道 19
德面前），生命由于是某种本质上非道德的东西而必定持续不断而
无可避免地遭受到不公，——最后在蔑视和永恒否定的重压下，生
命必定被感受为不值得追求的、本身无价值的东西。道德本
身——怎么？难道道德不会是一种“力求否定生命的意志”，一种
隐秘的毁灭本能，一种沦落、萎缩、诽谤的原则，一种末日的开始
吗？还有，难道它因此不会是危险中的危险吗？……所以，在当
时，以这本可疑的书，我的本能，我那种为生命代言的本能，就转而
反对道德，并且发明了一种根本性的有关生命的相反学说和相反
评价，一种纯粹艺术的学说和评价，一种反基督教的学说和评价。

① 此处“最后安息日”原文为 Sabbat der Sabbate。“安息日”是犹太教徒的休息日，周五晚上起至周六晚上止。——译注

怎样来命名它呢？作为语言学家和话语行家，不无随意地——因为有谁会知道敌基督者的恰当名字呢？——我用一位希腊神祇的名字来命名它：我把它叫做**狄奥尼索斯的**〔学说和评价〕[1]。——

（六）

人们理解我已经以这本书大胆触及了何种任务吗？……现在我感到多么遗憾，当时我还没有勇气（或者一种苛求？），在任何方面都用**自己特有的**语言来表达如此独特的直观和冒险，——我是多么吃力地力求用叔本华和康德的套路来表达与他们的精神以及趣味彻底相反的疏异而全新的价值评估！叔本华到底是怎么来设想悲剧的呢？在《作为意志和表象的世界》第2篇第495页上，叔本华说："使一切悲剧因素获得特殊的提升动力的，乃是下列认识的升起，即：世界、生命不可能给出一种真正的满足，因而**不值得**我
20 们亲近和依恋：悲剧精神即在于此——，因此它引导人们**听天由命**。"[2]狄奥尼索斯对我讲的话是多么不同啊！当时恰恰这整个听天由命的态度离我是多么遥远啊！——可是，这本书里有某种糟糕得多的东西，这是我现在更觉得遗憾的，比我用叔本华的套路来掩盖和败坏狄奥尼索斯的预感更遗憾，那就是：我通过掺入最现代的事物，根本上**败坏了**我所明白的伟大的**希腊问题**！在无可指望的地方，在一切皆太过清晰地指向终结的地方，我却生出了希望！

---

① 〔〕表示译者所做的补充。——译注

② "使一切悲剧因素获得……〕引文据弗劳恩斯达特版。——编注

我根据近来的德国音乐开始编造“德国精神”，仿佛它正好在发现自己、重新寻获自己似的——而且当其时也，德国精神不久前还有统治欧洲的意志、领导欧洲的力量，刚刚按遗嘱最终**退位**，并以建立帝国为堂皇借口，完成了向平庸化、民主制和“现代理念”的过渡！实际上，此间我已经学会了毫无指望和毫不留情地来看待“德国精神”，同样地也如此这般来看待现在的**德国音乐**，后者彻头彻尾地是浪漫主义，而且是一切可能的艺术形式中最没有希腊性的；而此外它还是一种头等的神经腐败剂，对于一个嗜酒并且把暧昧当作德性来尊重的民族来说具有双重的危险，也就是说，它作为既使人陶醉又**使人发昏**的麻醉剂具有双重特性。——诚然，撇开所有对于当今的急促希望和错误利用（它们在当时使我败坏了我的第一本书），但伟大的狄奥尼索斯问号，一如它在书中所提出的那样，即便在音乐方面也还继续存在着：一种不再像德国音乐那样具有浪漫主义起源、而是具有**狄奥尼索斯**起源的音乐，必须具有怎样的特性？……

（七） 21

——可是先生，如果**您的**书不是浪漫主义，那么全世界还有什么是浪漫主义呢？您的艺术家形而上学宁可相信虚无，宁可相信魔鬼，也不愿相信“现在”——对于“现时”、“现实”和“现代观念”的深仇大恨，难道还有比您做得更加厉害的吗？在您所有的对位法声音艺术和听觉诱惑术当中，不是有一种饱含愤怒和毁灭欲的固定低音在嗡嗡作响么，不是有一种反对一切“现在”之物的狂暴决心，不是有一种与实践上的虚无主义相去不远的意志么？——这种意志似乎在说：“宁可无物为真，也胜过你们得理，也胜过你们的真理得理！”我的悲观主义的和把艺术神化的先生啊，您自己张开耳朵，来听听从您书中选出来的一段独特的话，那段不无雄辩的有关屠龙者的话，对于年轻的耳朵和心灵来说，它听起来是颇具蛊惑作用的：怎么？这难道不是1830年的地道浪漫主义的自白，戴上了1850年的悲观主义面具吗？背后也已经奏起了通常的浪漫派最后乐章的序曲，——断裂、崩溃，皈依和膜拜一种古老信仰，这位古老的神祇……怎么？难道您的悲观主义者之书，本身不就是一部反希腊精神的和浪漫主义的作品吗？本身不就是某种“既使人陶醉又使人发昏”的东西吗？至少是一种麻醉剂，甚至于是一曲音乐，一曲德国音乐吧？但你们听：

> 让我们来想象一下正在茁壮成长的一代人，他们有着这样一种无所惧怕的目光，他们有着这样一种直面凶险的英雄气概；让我们来想象一下这些屠龙勇士的刚毅步伐，他们壮志凌云，毅然抗拒那种乐观主义的所有虚弱教条，力求完完全全“果敢地生活”[①]——那么，这种文化的悲剧人物，在进行自我教育以培养严肃和畏惧精神时，岂非必定要渴求一种全新的艺术，一种具有形而上慰藉的艺术，把悲剧当作他自己的海伦来渴求吗？他岂非必定要与浮士德一道高呼：
>
> 而我岂能不以无比渴慕的强力，[②]

---

① 力求完完全全“果敢地生活”：］参看歌德：《总忏悔》。——编注

② 而我岂能不以无比……］参看歌德：《浮士德》第2部，第7438—7439行。——编注

让那无与伦比的形象重显生机？①

“岂非必定要么？”……不，决不是！你们这些年轻的浪漫主义 22
者啊：这并非必定！但很有可能，事情会如此终结，你们会如此终结，亦即会“得到慰藉”，如书上所记，②尽管你们有全部的自我教育以获得严肃和畏惧之心，但仍旧会“得到形而上学的慰藉”，简言之，像浪漫主义者那样终结，以基督教方式……不！你们首先应当学会尘世慰藉的艺术，——我年轻的朋友们啊，如果你们完全愿意继续做悲观主义者，你们就应当学会大笑；也许作为大笑者，你们因此会在某个时候，让一切形而上学的慰藉——而且首先是形而上学！——统统见鬼去！抑或，用那个名叫查拉图斯特拉的狄奥尼索斯恶魔的话来说：

我的兄弟们呵，提升你们的心灵吧，高些！更高些！也不要忘记你们的双腿！也提升你们的双腿吧，你们这些优秀的舞蹈者，更好地：你们也倒立起来吧！

这欢笑者的王冠，这玫瑰花冠：我自己戴上了这顶王冠，我自己宣告我的欢笑是神圣的。今天我没有发现任何一个人在这事上足够强壮。

查拉图斯特拉这个舞蹈者，查拉图斯特拉这个轻盈者，他以羽翼招摇，一个准备飞翔者，向所有鸟儿示意，准备停当了，一个福乐而轻率者：——

---

① 让我们来想象一下正在……］参看本书第 118 页第 34 行，第 119 页第 11 行［译按：指本书第 18 节］。——编注

② 如书上所记］《新约全书》用法，如《马太福音》第 4 章。参看尼采：《悲剧的诞生》，英译本，道格拉斯·施密斯译，牛津大学出版社，2000 年，第 136 页。——译注

查拉图斯特拉这个预言者，查拉图斯特拉这个真实欢笑者，并非一个不耐烦者，并非一个绝对者，一个喜欢跳跃和出轨的人；我自己戴上了这顶王冠！

这欢笑者的王冠，这玫瑰花冠：你们，我的兄弟们呵，我要把这顶王冠投给你们！我已宣告这种欢笑是神圣的；你们这些高等人呵，为我学习——欢笑吧！

《查拉图斯特拉如是说》第四部，第87页。[①]

① 中译文可见尼采：《查拉图斯特拉如是说》，孙周兴译，上海人民出版社，2009年，第379页。——译注

序言:致理查德·瓦格纳 23

由于我们审美公众的特有性格[1],我在这本著作中集中传达的思想会引发种种可能的疑虑、骚动和误解。为了远离所有这些东西,也为了使自己能够以同样平静的欢快之情来写这本著作的引言(作为美好而庄严时光的化石,这本著作里的每一页都带有这种欢快之情的标志),我想象着您——我最尊敬的朋友——收到这本著作的那一瞬间:也许是在一个冬日的傍晚,您从雪地中漫步回来,打量着扉页上被释的普罗米修斯,念着我的名字,立刻就坚信,不论这本著作想要表达什么,这位作者一定是有严肃而紧迫的东西要说的,同样地您也相信,以他所设想的一切,他与您的交谈就如同当面倾诉,他只能把与这种当面倾诉相应的东西记录下来。于此您会忆及,正是在您撰写纪念贝多芬的精彩文章的时候[2],也就是在那场刚刚爆发的战争的恐怖和肃穆当中,我正专心沉思眼下这本著作的思想。然而,倘若有人竟在这种专心沉思中,见出一种爱国主义的激动与审美上的纵情享乐、勇敢的严肃与快乐的游 24
戏之间的对立,那他们就犯了错。相反,只消认真读一下这本著

---

① 由于我们审美公众的特有性格] 准备稿:也许由于混杂的读者群。——编注

② 瓦格纳于 1870 年撰写了一篇讨论贝多芬的论文。——译注

作，他们就会惊讶地看到，我们要处理的是哪一个严肃的德国问题，我们是真正地把这个问题置于德国的希望之中心，视之为脊梁骨和转折点[①]。但也许，恰恰对于这些人来说，如此严肃地来观看[②]一个美学问题，根本就是有失体统的——如果他们只会认为，艺术无非是一种搞笑的无关紧要的东西，无非是一个对于“此在的严肃”可有可无的小铃铛：似乎没有人知道，与这样一种“此在的严肃”的对照有何重要意义。对于这些严肃认真的人们，我可以提供的教益是：我坚信艺术乃是这种生命的最高使命，是这种生命的真正形而上学的活动，而这恰好也是那个人[③]的想法——他是我[④]这条道上崇高的先驱，我在此愿意把这本著作献给他。

1871 年岁末于巴塞尔[⑤]

---

① 脊梁骨和转折点］1872 年第一版：一个“其存在的脊梁骨”。——编注

② 观看］1872 年第一版：看待。——编注

③ 指瓦格纳。——译注

④ 我］1872 年第一版付印稿中为：这个。——编注

⑤ 1872 年第一版中没有此行。1872 年第一版付印稿结尾处删除了：弗里德里希·尼采。在 1872 年第一版付印稿第 III 页之后就是标题：悲剧从音乐精神中的［起源］诞生。——编注

一[①] 25

如果我们不仅达到了逻辑的洞见，而且也达到了直接可靠的直观，认识到艺术的进展是与**阿波罗**和**狄奥尼索斯**之二元性联系在一起的，恰如世代繁衍取决于持续地斗争着的、只会周期性地出现和解的两性关系，那么，我们就在美学科学上多有创获了。这两个名词，我们是从希腊人那里借用来的；希腊人虽然没有用概念，但却用他们的诸神世界透彻而清晰的形象，让明智之士感受到他们的艺术观深邃而隐秘的信条。与希腊人的这两个艺术神祇——阿波罗（Apollo）与狄奥尼索斯（Dionysus）——紧密相联的，是我们的以下认识：在希腊世界里存在着一种巨大的对立，按照起源和目标来讲，就是造型艺术（即阿波罗艺术）与非造型的音乐艺术（即狄奥尼索斯艺术）之间的巨大对立。两种十分不同的本能并行共存，多半处于公开的相互分裂中，相互刺激而达致常新的更为有力的生育，以便在其中保持那种对立的斗争，而“艺术”这个共同的名词只不过是在表面上消除了那种对立；直到最后，通过希腊“意志”的一种形而上学的神奇行为，两者又似乎相互结合起来了，在这种交合中，终于产生出既是狄奥尼索斯式的又是阿波罗式的阿提 26
卡[②]悲剧的艺术作品。[③]

---

① 1872 年第一版付印稿上方：［音乐与悲剧。一系列美学考察。］——编注

② 阿提卡（Attika）：以雅典为中心的希腊中东部地区，是古希腊城邦文化的发达区。古希腊语即以阿提卡方言为主体。——译注

③ 在希腊世界里存在着……］1872 年第一版：在希腊艺术中存在着一种风格上的对立：两种不同的本能在其中并行共存，多半处于相互分裂之中，相互刺激而达致常新的更为有力的生育，以便在其中保持那种对立的斗争，直到最后，在希腊“意志”的鼎盛时期，它们似乎融合起来了，共同产生出阿提卡悲剧的艺术作品。——编注

为了更细致地了解这两种本能，让我们首先把它们设想为由梦（*Traum*）与醉（*Rausch*）构成的两个分离的艺术世界；在这两种生理现象之间，可以看出一种相应的[①]对立，犹如在阿波罗与狄奥尼索斯之间一样。按照卢克莱修[②]的观点[③]，庄严的诸神形象首先是在梦中向人类心灵显现出来的，伟大的雕塑家是在梦中看到超凡神灵的迷人形体的，而且，若要向这位希腊诗人探听诗歌创作的奥秘，他同样也会提到梦，给出一种类似于诗人汉斯·萨克斯[④]的教诲——这位德国诗人在《工匠歌手》中唱道：

我的朋友，解释和记录自己的梦，
这正是诗人的事业。
相信我，人最真实的幻想
总是在梦中向他开启：
所有诗艺和诗体
无非是真实之梦的解释。[⑤]

在梦境的创造方面，每个人都是完全的艺术家。梦境的美的

---

① 相应的］1872 年第一版：类似的。——编注

② 卢克莱修］De rerum natura［《物性论》］第 1169—1182 行。——编注

③ 卢克莱修（Titus Luoretius Carus，约前 99—前 55 年）：古罗马哲学家、诗人，唯物论者，代表作有《物性论》。——译注

④ 汉斯·萨克斯（Hans Sachs，1494—1576 年）：德国诗人，市民文学的代表。因在长诗《维滕贝格的夜莺》中歌颂马丁·路德而受到迫害。——译注

⑤ 而且，若要向这位希腊诗人……］1872 年第一版：在梦中，这位希腊诗人自己经验到弗里德里希·海贝尔（Friedrich Hebbel）的一首深刻的箴言诗用下列诗句表达出来的东西：大量其他可能的人们纠缠于现在世界中，睡眠又把他们从缠绕中解放出来，无论是掌握了所有人的夜间幽梦，还是只侵袭诗人的白日梦；而因此，为了大全的自耗，它们也通过人类精神进入到一种无常的存在中。参看科利版第 7 卷［179］。——编注

假象[1]乃是一切造型艺术的前提,其实,正如我们将会看到的,也
是一大半诗歌的前提。我们在直接的形象领悟中尽情享受,所有
形式都对我们说话,根本没有无关紧要的和不必要的东西。而即
便在这种梦之现实性的至高生命中,我们却仍然具有对其假象的
朦胧感觉:至少我的经验是这样,这种经验是经常的,甚至是一种
常态,为此我蛮可以提供许多证据,也可以提供出诗人们的名言来
作证。哲学人士甚至预感到,在我们生活和存在于其中的这种现
实性中,还隐藏着第二种完全不同的现实性,因而前一种现实性也
是一种假象。叔本华就径直把这种天赋,即人们偶尔会把人类和
万物都看作单纯的幻影或者梦境,称为哲学才能的标志。就如同 27
哲学家之于此在之现实性,艺术上敏感的人也是这样对待梦之现
实性的;他明察秋毫,乐于观察:因为他根据这些形象来解说生活,
靠着这些事件来历练自己的生活。他以那种普遍明智
(Allverständigkeit)[2]在自己身上经验到的,绝非只是一些适意而
友好的形象而已:[3]还有严肃的、忧郁的、悲伤的、阴沉的东西,突
发的障碍,偶然的戏弄,惊恐的期待,简言之,生命的整个“神曲”,

---

① 此处“美的假象”原文为 der schöne Schein,现在的译法未能传达其中“假象”(Schein)与动词 scheinen(闪耀、发光)的关联;若考虑这种关联,则我们这里暂译为“假象”的 Schein 似可改译为“显像”。——译注

② 普遍明智(Allverständigkeit)] 誊清稿;1872 年第一版付印稿;1872 年第一版;1874/1878 年第二版付印稿;1874/1878 年第二版:普遍理解(Allverständlichkeit)。大八开本版。——编注

③ 哲学人士甚至预感到……] 1872 年第一版:在这种假象感完全终止之际,就开始出现病态的和反常的效应,在其中梦态具有疗救作用的自然力消退了。但在那道界限之内,绝非只有一些我们以那种普遍的明智在自己身上经验到的适意而友好的图像。——编注

连同“地狱篇”，都在他[①]身旁掠过，不光像一出皮影戏——因为他就在此场景中生活，一道受苦受难[②]——但也不无那种倏忽而过的假象感觉。还有，也许有些人会像我一样记得[③]，在梦的危险和恐怖场景中有时自己[④]会鼓足勇气，成功地喊出：“这是一个梦啊！我要把它继续做下去！”也曾有人跟我讲过，有些人能够超过三个晚上接着做同一个梦，继续这同一个梦的因果联系。此类事实[⑤]清楚地给出了证据，表明我们最内在的本质，我们所有人的共同根底，本身就带着深沉欢愉和快乐必然性去体验梦境。

这种梦境体验的快乐必然性，希腊人同样也在他们的阿波罗形象中表达出来了：阿波罗，作为一切造型力量的神，同时也是预言之神[⑥]。按其词根来讲，阿波罗乃是“闪耀者、发光者”，是光明之神，他也掌管着内心幻想世界[⑦]的美的假象。[⑧] 这种更高的真理，这些与无法完全理解的日常现实性相对立的状态的完满性，还有对在睡和梦中起治疗和帮助作用的自然的深度意识，同时也是预言能力的象征性类似物，一般地就是使生活变得可能、变得富有

---

① 他］1872 年第一版：我们。——编注

② 他就在此场景中……］1872 年第一版：我们就在此场景中生活，一道受苦受难。——编注

③ 还有，也许有些人会……］1872 年第一版：确实，我记得。——编注

④ 自己］1872 年第一版：我自己。——编注

⑤ 此类事实］1872 年第一版：作为此类事实。——编注

⑥ 一切造型力量的神……］1872 年第一版：梦之表象的神同时也是预言和艺术之神。——编注

⑦ 内心幻想世界］1872 年第一版：梦境。——编注

⑧ 注意此句中的“闪耀者、发光者”（der Scheinende）与“假象”（Schein）的字面和意义联系。——译注

价值的[1]各门艺术[2]的象征性类似物。然而，有一条柔弱的界线，梦境不可逾越之，方不至于产生病态的作用，不然的话，假象就会充当粗鄙的现实性来欺骗我们[3]——这条界线在阿波罗形象中也是不可或缺的：造型之神（Bildnergott）的那种适度的自制，那种对粗野冲动的解脱，那种充满智慧的宁静。按其来源来讲，他的眼睛必须是“太阳般发光的”[4]；即便在流露愤怒而不满的眼神时，它也依然沐浴于美的假象的庄严中。于是，在某种古怪的意义上，叔本华[5]关于那个囿于摩耶面纱[6]下的人所讲的话，大抵也适用于阿波罗。《作为意志和表象的世界》第一篇第 416 页[7]：“有如在汹涌大海上，无边无际，咆哮的波峰[8]起伏不定，一个船夫坐在一只小船上面，只好信赖这脆弱的航船；同样地，在一个充满痛苦的世界里面，孤独的人也安坐其中，只好依靠和信赖 principium individu- 28

---

① 变得可能、变得富有价值］1872 年第一版：使生活变得富有价值并且使将来变成当前。——编注

② 各门艺术］1872 年第一版：艺术。——编注

③ 充当粗鄙的现实性来欺骗我们］1872 年第一版：不只迷惑我们，而是欺骗我们。——编注

④ 他的眼睛必须是“太阳般发光的”］参看歌德：《温和的赠辞》III：“倘若眼睛不是太阳般发光的，/就决不能看见太阳”。——编注

⑤ 叔本华］1872 年第一版：我们伟大的叔本华。——编注

⑥ 摩耶面纱（Schleier der Maja）：为叔本华所采用的古印度哲学术语。摩耶面纱指人类感觉的虚幻世界。——译注

⑦ 《作为意志和表象……］引文据第三版（1859 年），后者之页码同弗劳恩斯达特版（1873/1874 年）。——编注

⑧ 波峰］1872 年第一版；1874/1878 年第二版。在弗劳恩斯达特版、大八开本版中则为：水峰。——编注

ationis［个体化原理］了。”[1]是的，对于阿波罗，我们或许可以说，对个体化原理的坚定[2]信赖，以及受缚于其中者的安坐，在阿波罗身上得到了最突出的表达，而且我们可以把阿波罗本身称为个体化原理的壮丽神像，其表情和眼神向我们道出了“假象”的全部[3]快乐和智慧，连同它的美。

在同一处，叔本华为我们描述了那种巨大的**恐惧**，即当人由于根据律[4]在其某个形态中似乎遭遇到例外、从而突然对现象的认识形式生出怀疑时，人就会感到无比恐惧。如果我们在这种恐惧之外还加上那种充满喜悦的陶醉，即在 principii individuationis［个体化原理］[5]破碎时从人的内心深处、其实就是从本性中升起的那种迷人陶醉，那么，我们就能洞察到**狄奥尼索斯**的本质——用
29 **醉**来加以类比是最能让我们理解它的。无论是通过所有原始人类和原始民族在颂歌中所讲的烈酒的影响，还是在使整个自然欣欣向荣的春天强有力的脚步声中，那种狄奥尼索斯式的激情都苏醒过来了，而在激情高涨时，主体便隐失于完全的自身遗忘状态。即便在中世纪的德意志，受同一种狄奥尼索斯强力的支配，也还有总是不断扩大的队伍，载歌载舞，辗转各地：在这些圣约翰节和圣维

---

① 参看叔本华：《作为意志和表象的世界》，中译本，石冲白译，商务印书馆，1986年，第483—484页。——译注

② 坚定］1872年第一版：不可动摇的。——编注

③ 个体化原理的壮丽神像……］据誊清稿：变成形象的个体化原理，连同。——编注

④ 或译“充足理由律”。此处指叔本华的《充足理由律的四重根》(1813年)。——译注

⑤ 此处拉丁语词语为第二格。——译注

托节舞者[1]身上，重又现出希腊人的酒神歌队，其前史可溯源于小亚细亚，直到巴比伦和放纵的萨卡人[2]。如今有些人，由于缺乏经验或者由于呆头呆脑，[3]感觉自己是健康的，便讥讽地或者怜悯地躲避[4]此类现象，有如对待“民间流行病”：这些可怜虫当然不会知道，当狄奥尼索斯的狂热者的炽热生命从他们身旁奔腾而过时，恰恰是他们这种“健康”显得多么苍白、多么阴森。[5]

在狄奥尼索斯的魔力之下，不仅人与人之间得以重新缔结联盟，连那疏远的、敌意的或者被征服的自然，也重新庆祝它与自己失散之子——人类——的和解节日。大地自愿地献出自己的赠礼，山崖荒漠间的野兽温顺地走来。狄奥尼索斯的战车缀满鲜花和花环：豹和虎在它的轭下行进。我们不妨把贝多芬的《欢乐颂》转换成一幅画，让我们的想象力跟进，想象万民令人恐怖地落入尘埃，化为乌有：于是我们就能接近狄奥尼索斯了。现在，奴隶也成了自由人；现在，困顿、专横或者“无耻的风尚”[6]在人与人之间固

---

① 圣约翰节和圣维托节舞者（Sanct-Johann- und Sanct-Veittänzer）：均为基督教节日，“圣约翰节”又称“施洗者圣约翰节”，为每年 6 月 24 日；“圣维托节”则在每年 6 月 28 日。——译注

② 萨卡人（Sakäen）：古代居住在伊朗北部草原的游牧民族，中国史书中所谓的“塞人”。——译注

③ 如今有些人，由于……］1872 年第一版：如今可取的是。——编注

④ 躲避］1872 年第一版：去躲避。——编注

⑤ 这些可怜虫当然不会知道……］1872 年第一版：人们恰恰因此要让人明白，他们是“健康的”，站在某个森林边缘的缪斯们，与她们中间的狄奥尼索斯一道，惊恐地遁入灌木丛中，实即遁入汪洋波涛中——如果这样一个健康的“纸上大师”（Meister Zettel）突然出现在她们面前的话。——编注

⑥ “无耻的风尚”］参看瓦格纳：《贝多芬》，莱比锡，1870 年，第 68 页以下，第 73 页，尼采藏书，有关贝多芬对席勒《欢乐颂》一诗第 6 节的改动。——编注

定起来的全部顽固而敌意的藩篱，全都分崩离析了。现在，有了世界和谐的福音，人人都感到自己与邻人不仅是联合了、和解了、融
30 合了，而且是合为一体了，仿佛摩耶面纱已经被撕碎了，只还有些碎片在神秘的“太一”(das Ur-Eine)面前飘零。载歌载舞之际，人表现为一个更高的共同体的成员：他忘掉了行走和说话，正要起舞凌空飞翔。他的神态透露出一种陶醉。正如现在野兽也能说话，大地流出乳汁和蜂蜜，同样地，人身上发出某种超自然之物的声音：人感觉自己就是神，正如人在梦中看见诸神的变幻，现在人自己也陶醉而飘然地变幻。人不再是艺术家，人变成了艺术品：在这里，在醉的战栗中，整个自然的艺术强力得到了彰显，臻至“太一”最高的狂喜满足。人这种最高贵的陶土，这种最可珍爱的大理石，在这里得到捏制和雕琢，而向着狄奥尼索斯的宇宙艺术家的雕凿之声，响起了厄琉西斯[①]的秘仪呼声：“万民啊，你们倒下来了？[②]宇宙啊，你能预感到造物主吗？”——[③]

二

前面我们已经把阿波罗与它的对立面，即狄奥尼索斯，看作两

① 厄琉西斯(Eleusis)：古希腊地名，位于雅典西北约30公里的一个小镇。“厄琉西斯秘仪”是当地一个秘密教派的年度入会仪式，该教派崇拜得墨忒耳和珀耳塞福涅。“厄琉西斯秘仪”被认为是古代所有神秘崇拜中最重要的一种。这些崇拜和仪式处于严格的保密中，全体信徒都要参加的入会仪式是信徒与神直接沟通的通道，以获得神力的庇护和来世的回报。该秘仪后来也传到了古罗马。——译注

② 万民啊，你们倒下来了……］参看《欢乐颂》，第34—35行。——编注

③ 宇宙啊，你能预感到……］此句为1872年第一版所没有的。——编注

种艺术力量，它们是从自然本身中突现出来的，无需人类艺术家的中介作用；而且在其中，两者的艺术冲动首先是直接地获得满足的：一方面作为梦的形象世界，其完美性与个体的知识程度和艺术修养[①]毫无联系，另一方面乃作为醉的现实性，它同样也不重视个体，甚至力求消灭个体，通过一种神秘的统一感使个体得到解脱。相对于这两种直接的自然之艺术状态，任何一个艺术家就都是"模仿者"了，而且，要么是阿波罗式的梦之艺术家，要么是狄奥尼索斯式的醉之艺术家，要不然就是——举例说，就像在希腊悲剧中那样——两者兼有，既是醉之艺术家，又是梦之艺术家。对于后一类 31
型，我们大抵要这样来设想：在狄奥尼索斯的醉态和神秘的忘我境界中，他孑然一人，离开了狂热的歌队，一头倒在地上了；尔后，通过阿波罗式的梦境感应，他自己的状态，亦即他与宇宙最内在根源的统一，以一种比喻性的梦之图景向他彰显出来了。

有了上述一般性的前提和对照，我们现在就能进一步来理解希腊人，来看看那种自然的艺术冲动在希腊人身上曾经发展到了何种程度和何等高度：由此，我们就能够更深入地理解和评估希腊艺术家与其原型的关系，或者用亚里士多德的说法，就是"模仿[②]自然"。说到希腊人的梦，虽然他们留下了种种关于梦的文献和大量有关梦的轶闻，我们也只能作一些猜测了，不过这种猜测还是有相当把握的：他们的眼睛有着难以置信的确定而可靠的造型能力，外加他们对于色彩有着敏锐而坦诚的爱好，有鉴于此，我们不得不

① 修养］1872年第一版：才能。——编注

② 模仿］参看亚里士多德：《诗学》，1447a 16。——编注

假定，即便对他们的梦来说也有一种线条和轮廓、色彩和布局的逻辑关系，一种与他们的最佳浮雕相类似的场景序列——这一点是足以让所有后人大感羞愧的。他们的梦的完美性——倘若可以做一种比照——无疑使我们有权把做梦的希腊人称为[1]荷马，而把荷马称为做梦的希腊人。这种比照是在一种更深刻的意义上讲的，其深度胜于现代人着眼于自己的梦而胆敢自诩为莎士比亚。

与之相反，如果说可以把**狄奥尼索斯的希腊人**与狄奥尼索斯的野蛮人区分开来的巨大鸿沟提示出来，那么，我们就无需猜测性地说话了。在古代世界的所有地方——这里姑且撇开现代世界不
32 谈——从罗马到巴比伦，我们都能够证明狄奥尼索斯节日的存在，其类型与希腊狄奥尼索斯节日的关系，充其量就像长胡子的萨蒂尔（其名称和特征取自山羊）[2]之于狄奥尼索斯本身。几乎在所有地方，这些节日的核心都在于一种激情洋溢的性放纵，其汹涌大潮冲破了任何家庭生活及其可敬的规章；在这里，恰恰最粗野的自然兽性被释放出来，乃至于造成肉欲与残暴的可恶混合，这种混合在我看来永远是真正的“妖精淫酒”。关于这些节日的知识，是从海陆路各方面传入希腊的。看起来，有一阵子，希腊人对这些节日的狂热激情，似乎进行了充分的抵制和防御，其手段就是在此以其全部高傲树立起来的阿波罗形象，这个阿波罗用美杜莎[3]的头颅也

---

① 把做梦的希腊人称为〕1872 年第一版：把希腊人称为做梦的。——编注

② 萨蒂尔（其名称和特征取自山羊）〕1874/1878 年第二版：山羊腿的萨蒂尔。——编注

③ 美杜莎（Meduse）：希腊神话中的蛇发女妖，其目光所触及者皆化为石头。阿波罗将她杀死后用其头颅作武器。——译注

对付不了一种比丑陋粗野的狄奥尼索斯力量更加危险的力量。正是在多立克艺术[①]中，阿波罗那种威严拒斥的姿态得以永垂不朽。当类似的冲动终于从希腊人的本根深处开出一条道路时，这种抵抗就变得更加可疑了，甚至于变得不可能了：现在，德尔斐之神[②]的作用就仅限于，及时与强敌达成和解，从而卸去他手中的毁灭性武器。这次和解乃是希腊崇拜史上最重要的时刻：无论从哪个角度看，均可明见这个事件引发的大变革。此乃两个敌人之间的和解，清楚地划定了两者今后必须遵守的界限，而且也定期互赠礼物；而根本上，鸿沟并没有消除[③]。然而，如果我们来看看在那种媾和的压力下，狄奥尼索斯的强力是怎样彰显出来的，那么，我们就会认识到，与巴比伦的那些萨卡人及其由人变成虎和猿的倒退相比较，希腊人的狄奥尼索斯狂欢是具有救世节日和神化之日的意义的。唯有在这些日子里，自然才获得了它的艺术欢呼声，33
principii individuationis［个体化原理］的破碎才成为一个艺术现象。在这里，那种由肉欲与残暴组成的可恶的妖精淫酒是全无功效的：就像药物让人想起致命毒鸩，只有狄奥尼索斯狂热信徒的情绪中那种奇妙的混合和双重性才使我们想起了它，才使我们想到那样一种现象，即：痛苦引发快感，欢呼释放胸中悲苦。极乐中响起惊恐的叫声，或者对一种无可弥补的失落的热切哀鸣。在希腊

① 多立克艺术：古希腊艺术风格，与爱奥尼亚式和科林斯式并称希腊艺术三大风格类型。——译注

② 德尔斐之神（delphischer Gott）：指阿波罗神。德尔斐（Delphi）为希腊宗教圣地，以阿波罗神庙著称，位于雅典西北部170公里处的帕尔纳索斯山。——译注

③ 消除］1872年第一版付印稿；大八开本版为：überbrückt。1872年第一版；1874/1878年第二版付印稿；1874/1878年第二版为：überdrückt。——编注

的那些节日里，自然似乎吐露出一种伤感的气息，仿佛它要为自己肢解为个体而叹息。对于荷马时代的希腊世界来说，此类双重情调的狂热者的歌声和姿态是某种闻所未闻的新鲜事：更有甚者，狄奥尼索斯的**音乐**激起了他们的惊骇和恐惧感。如果说音乐似乎已经作为一种[①]阿波罗艺术而得到了承认，那么，准确地讲，它实际上只是作为节奏之波的拍打，其造型力量乃是为了表现阿波罗状态而发展起来的。阿波罗的音乐乃是音调上的多立克建筑，不过，那只是像竖琴所特有的那种暗示性的音调。而恰恰是构成狄奥尼索斯音乐之特性、因而也构成一般音乐之特性的那个元素，即音调的震撼力，统一的旋律之流[②]，以及无与伦比的和声境界，被当作非阿波罗元素而小心谨慎地摈弃掉了。在狄奥尼索斯的酒神颂歌(Dithyrambus)中，人受到刺激，把自己的象征能力提高到极致；某种从未有过的感受急于发泄出来，那就是摩耶面纱的消灭，作为种类之神，甚至自然之神的一元性(das Einssein)。现在，自然的本质就要得到象征的表达；必须有一个全新的象征世界，首先是整个身体的象征意义，不只是嘴、脸、话的象征意义，而是丰满的让所
34 有肢体有节奏地运动的舞姿。然后，其他象征力量，音乐的象征力量，表现在节奏、力度和和声中的象征力量，突然间热烈地生长起来。为了把握这种对全部象征力量的总释放，人必须已经达到了那种忘我境界的高度，这种忘我境界想要通过那些力量象征性地表达自己：所以，咏唱酒神颂歌的狄奥尼索斯信徒只能被自己的同

① 似乎已经作为一种］1872 年第一版：已经作为。——编注

② 统一的旋律之流］为 1872 年第一版所没有的。——编注

类所理解！阿波罗式的希腊人必定会带着何种惊讶看着他[①]啊！当他这种惊讶掺入了恐惧，感到那一切对他来说并非真的如此陌生，其实呢，他的阿波罗意识也只是像一层纱掩盖了他面前的这个狄奥尼索斯世界，这时候，他的惊讶就愈加厉害了。

三

为了把握这一点，我们必须仿佛一砖一石地来拆掉那幢漂亮的阿波罗文化大厦，直到我们见到它所立足的基础为止。在这里，我们发觉那些矗立在大厦山墙[②]上的壮美的奥林匹斯诸神形象，他们的事迹在光芒四射的浮雕中表现出来，装饰着它的雕饰花纹[③]。尽管作为与诸神并列的一个神祇，阿波罗也置身于诸神中间，并没有要求取得头等地位，但我们却不可因此受到迷惑。毕竟，正是在阿波罗身上体现出来的同一种冲动，创造了那整个奥林匹斯世界，在此意义上，我们就可以把阿波罗视为奥林匹斯世界之父。那么，使一个如此辉煌的奥林匹斯神界得以产生出来的，究竟是何种巨大的需要呢？

若是有谁心怀另一种宗教去面对奥林匹斯诸神，试图在他们那里寻找道德的高尚(实即圣洁)，寻找非肉体的超凡脱俗，寻找慈爱的目光，那么，他必将大感郁闷和失望，立刻掉头而去。在这里没有任何东西让人想到禁欲、教养和义务之类；在这里，我们只听 35

① 指上句的狄奥尼索斯信徒。——译注

② 山墙］1872年第一版：顶盖和山墙。——编注

③ 它的雕饰花纹］1872年第一版：雕饰花纹及其墙体。——编注

到一种丰盛的、实即欢欣的人生此在，在其中一切现成事物，不论善的恶的，都被神化了。而且这样一来，观看者站在这样一种奇妙的充溢生命面前，就会大感震惊，就会问自己：这些个豪放纵情的人们是服了何种神奇魔药，竟能如此享受生命，以至于无论他们往何方看，"在甜蜜感性中飘浮的"海伦[①]，他们的本己实存的理想形象，都对他们笑脸相迎。而对于这个已然转过头去的观看者，我们必须大喊一声："别离开啊，且先来听听希腊的民间格言对这种生命，对这种以如此妙不可言的欢快展现在你面前的生命，说了些什么。"有一个古老的传说，说国王弥达斯[②]曾在森林里长久地追捕狄奥尼索斯的同伴——聪明的西勒尼[③]，却没有捉到。后来西勒尼终于落到他手上了，国王就问他：对于人来说，什么是绝佳最妙的东西呢？这个魔鬼僵在那儿，默不吱声；到最后，在国王的强迫下，他终于尖声大笑起来，道出了下面这番话："可怜的短命鬼，无常忧苦之子呵，你为何要强迫我说些你最好不要听到的话呢？那绝佳的东西是你压根儿得不到的，那就是：不要生下来，不要存在，要成为虚无。而对你来说次等美妙的事体便是——快快死掉。"

奥林匹斯诸神世界与这民间格言的关系如何呢？犹如受折磨的殉道者的迷人幻觉之于自己的苦难。

眼下，奥林匹斯魔山仿佛对我们敞开了，向我们显露出它的根

---

① 海伦(Helena)：主神宙斯之女，相传为古希腊第一美女，因她引发了特洛伊战争。——译注

② 弥达斯(Midas)：古希腊神话中佛里吉亚的国王，相传他曾捕获狄奥尼索斯的同伴西勒尼，后来释放了后者，狄奥尼索斯为报答他而授他点石成金的本领。——译注

③ 西勒尼(Silen)：希腊神话中酒神狄奥尼索斯的老师和同伴。——译注

基了。希腊人认识和感受到了人生此在的恐怖和可怕：为了终究
能够生活下去，他们不得不在这种恐怖和可怕面前设立了光辉灿
烂的奥林匹斯诸神的梦之诞生。[1] 那种对自然之泰坦[2]式强力的
巨大怀疑，那冷酷地高踞于一切知识之上的命运（Moira），那伟大
的人类之友普罗米修斯[3]的兀鹰，那聪明的俄狄浦斯[4]的可怕命 36
运，那迫使[5]俄瑞斯忒斯去干弑母勾当的阿特里德斯的家族咒
语，[6]质言之，那整个森林之神的哲学，连同它那些使忧郁的伊特
鲁利亚人[7]走向毁灭的神秘榜样——所有这一切，都被希腊人通
过奥林匹斯诸神的艺术的**中间世界**持续不断地重新[8]克服掉了，
至少是被掩盖起来了，从视野中消失了。为了能够生活下去，希腊
人基于最深的强制性不得不创造了这些诸神：我们也许要这样来

---

① 为了终究能够生活下去……］誊清稿：并且为了能够生活下去而把它们掩盖起来。——编注

② 泰坦（Titan）：希腊神话中的巨神。“泰坦式的”转义为“巨大的”。——译注

③ 普罗米修斯（Prometheus），希腊神话中最有智慧的神之一，泰坦巨人之一，人类的创造者和保护者，相传为了人类过上幸福生活而盗取火种，被主神宙斯缚在高加索山上。——译注

④ 俄狄浦斯］誊清稿：俄狄浦斯，［阿卡琉斯的过早死亡］。——编注

⑤ 迫使］1872 年第一版：迫使那些戈耳工（Gorgonen）和美杜莎（Medusen）［译按：均为希腊神话中的蛇发女妖］。——编注

⑥ 俄瑞斯忒斯（Orestes）为迈锡尼国王阿特柔斯（Atreus）的孙子，阿伽门农的儿子。相传阿特柔斯杀死了意欲篡位的弟弟梯厄斯忒斯的两个儿子，并把人肉煮了给他吃，当他发现吃的竟是儿子的肉时便诅咒阿特柔斯家族——又作阿特里德斯（Atrides）家族——，后在阿特柔斯的孙子俄瑞斯忒斯身上应验了这一诅咒：俄瑞斯忒斯为报弑父之仇杀死了自己的母亲。悲剧作家埃斯库罗斯的著名作品《俄瑞斯忒斯》描写了这个神话故事。——译注

⑦ 伊特鲁利亚人（Etrurier）：约公元前 900 年开始定居于意大利中部的一个种族，公元前 5 世纪左右处于文化鼎盛期，后为罗马人同化，直至消失。——译注

⑧ 持续不断地重新］为 1872 年第一版所没有的。——编注

设想这个过程,即由于那种阿波罗的美之冲动,经过缓慢的过渡,原始的泰坦式的恐怖诸神制度演变为奥林匹斯的快乐诸神制度了,有如玫瑰花从荆棘丛中绽放出来。倘若人生此在没有被一种更高的灵光所环绕,已经在其诸神世界中向这个民族显示出来了,那么,这个如此敏感、如此狂热地欲求[①]、如此独一无二地能承受**痛苦**的民族,又怎么能忍受人生此在呢?把艺术创建出来的同一种冲动,作为引诱人们生活下去的对人生此在的补充和完成,也使得奥林匹斯世界得以产生,而在这个世界中,希腊人的"意志"就有了一面具有美化作用的镜子。于是,诸神因为自己过上了人的生活,从而就为人类生活做出辩护——此乃唯一充分的神正论[②]!在这些诸神的明媚阳光之下的人生此在,才被认为是本身值得追求的,而荷马式的人类的真正**痛苦**,就在于与这种此在相分离,尤其是快速地分离,以至于我们现在可以把西勒尼的格言颠倒一下来说他们:"对于他们来说,最糟的事体是快快死掉,其次则是终有一死。"这种悲叹一旦响起,听起来就又是对短命的阿卡琉斯[③]的悲叹,对于人类落叶般变幻和转变的悲叹,对于英雄时代的没落的悲叹。渴望继续活下去,哪怕是当临时劳工,也不失旷世英雄的体
37 面。在阿波罗阶段,"意志"是如此狂热地要求这种人生此在[④],而荷马式的人类感到自己与人生此在融为一体了,以至于连悲叹也

---

① 如此狂热地欲求] 1872 年第一版:无限敏感的。——编注

② 神正论(Theodicee):又译"神义论",词根上由希腊文的"神"(theos)和"正义"(dike)构成,是关于恶的起源和性质的解释,旨在为神的正义辩护。——译注

③ 阿卡琉斯(Achilles):荷马史诗《伊利亚特》中的英雄,为希腊最伟大的英雄,在特洛伊战争中被杀死。——译注

④ 这种人生此在] 誊清稿:持存。——编注

变成了人生此在的颂歌。

至此我们必须指出的是:这种为现代人如此渴望地直观到的和谐,实即人类与自然的统一性,席勒用“朴素的”[①]这一术语来表示的统一性,绝对不是一种十分简单的、自发产生的、仿佛不可避免的状态,我们在每一种文化的入口处必定会当作一个人类天堂来发现的状态:只有一个时代才会相信这一点,这个时代力求把卢梭的爱弥儿也设想为艺术家,误以为在荷马身上找到了在自然怀抱里培育起来的艺术家爱弥儿。凡在艺术中发现“朴素”之处,我们都必须认识到阿波罗文化的至高效果:这种文化[②]总是首先要推翻泰坦王国,杀死巨魔,并且必须通过有力的幻觉和快乐的幻想,战胜了那种可怕而深刻的世界沉思和极为敏感的受苦能力。然而[③],要达到这种朴素,即与假象之美完全交织在一起,这是多么难得!因此,荷马的崇高是多么难以言说,他作为个体与阿波罗的民族文化的关系,有如个别的梦之艺术家之于一般民族的和自然的梦想能力。荷马式的“朴素性”只能被把握为阿波罗幻想的完全胜利:正是这样一种幻想,是自然为了达到自己的意图而经常要使用的。真正的目标被某种幻象所掩盖:我们伸手去抓取这个幻象,自然则由于我们的错觉而达到了真正的目标。在希腊人那里,“意志”力求在天才和艺术世界的美化作用中直观自身;为了颂扬自己,“意志”的产物必须首先感觉到自己是值得颂扬的,它们必须在一个更高的领域里重新审视

① 席勒在《论朴素的诗和感伤的诗》中以“朴素的”(naiv)与“感伤的”(sentimentalisch)来区分古代诗歌与现代诗歌。——编注

② 这种文化] 1872 年第一版:作为这种文化。——编注

③ 然而] 1872 年第一版:啊。——编注

38 自己，而这个完美的直观世界又没有发挥命令或者责备的作用。此乃美的领域，希腊人在其中看到了自己的镜像，即奥林匹斯诸神。借着这种美的反映，希腊人的"意志"来对抗那种与艺术天赋相关的忍受苦难和富于苦难智慧的天赋：而作为这种"意志"胜利的纪念碑，荷马这位朴素的艺术家矗立在我们面前。

四[1]

关于这个朴素的艺术家，梦的类比可以给我们若干教益。如果我们来想象这样一个做梦者，他沉湎于梦境的幻觉中而未受扰乱，对着自己大喊一声："这是一个梦啊，我要把它继续做下去！"如果我们必须由此推断出一种梦之直观的深刻的内心快乐，而另一方面，如果为了能够带着这种观照的内心快乐去做梦，我们必须完全遗忘了白昼及其可怕的烦心纠缠：那么，对于所有这些现象，我们也许就可以用下面的方式，[2]在释梦的阿波罗的指导下做出解释了。尽管在生活的两半当中，醒的一半与梦的一半，前者在我们看来无疑是更受优待的，要重要得多，更有价值，更值得体验，其实是唯一地得到经历的：但我却愿意主张——虽然给人种种荒谬的假象——，对于我们的本质（我们就是它的现象）的神秘根基而言，我们恰恰反而[3]要重视梦。因为我越是在自然中觉察到那些万能的艺术冲动，觉察到在艺术冲动中有一种对假象的热烈渴望，对通

① 参看 9［5］。——编注

② 方式，］1872 年第一版付印稿；1872 年第一版：方式。——编注

③ 恰恰反而］据誊清稿：也许倒另外。——编注

过假象而获救的热烈渴望，我就越是觉得自己不得不做出一个形而上学的假定，即真正存在者和太一①，作为永恒受苦和充满矛盾的东西，为了自身得到永远的解脱，也需要迷醉的幻景、快乐的假象：我们完全囿于这种假象中，而且是由这种假象所构成的，就不 39
得不把这种假象看作真正非存在者，亦即一种在时间、空间和因果性中的持续生成，换言之，就是经验的实在性。所以，如果我们暂且撇开我们自己的“实在性”，如果我们把我们的经验此在与一般世界的此在一样，把握为一种随时被生产出来的太一之表象，那么，我们此时就必定会把梦视为**假象之假象**，②从而视之为对于假象的原始欲望的一种更高的满足③。由于这同一个理由，自然天性中最内在的核心具有那种对于朴素艺术家和朴素艺术作品（它同样只不过是“假象之假象”）的不可名状的快乐。**拉斐尔**④，本身是那些不朽的“朴素者”之一，在一幅具有比喻性质的画中向我们描绘了那种从假象到假象的贬降，朴素艺术家的原始过程，同时也是阿波罗文化的原始过程。在他的《**基督变容图**》⑤中，下半部分

① 此处“真正存在者和太一”原文为 das Wahrhaft-Seiende und Ur-Eine，或可译为“真实存在者与原始统一性”。——译注

② 此处“太一之表象”原文为 Vorstellung des Ur-Einen，“假象之假象”原文为 Schein des Scheins。——译注

③ 满足］誊清稿：满足，［作为它所是的清醒状态］。——编注

④ 拉斐尔（Rafael，1483—1520 年）：意大利文艺复兴时期画家、建筑师，代表作品有《西斯廷圣母》、《雅典学院》等。——译注

⑤ 《基督变容图》（Transfiguration）：又译《基督显圣》，是拉斐尔最后一幅杰作，内容取材于《马太福音》第 17 章，现藏梵蒂冈博物馆。据《马太福音》第 17 章描写，耶稣为一个中了邪、发癫痫病的男孩驱鬼，治好了他的病。拉斐尔《基督变容图》下半部分表现了男孩、带领者（带男孩来的人）以及几个耶稣门徒当时的神情和场景。——译注

用那个中了邪的男孩、几个面露绝望的带领者、几个惊惶不安的门徒，向我们展示了永恒的原始痛苦、世界的唯一根据的反映："假象"在这里乃是永恒的矛盾即万物之父的反照。现在，从这一假象中升起一个幻景般全新的假象世界，犹如一缕仙界迷人的芳香，而那些囿于第一个假象世界中的人们是看不到后者的——那是一种在最纯粹的极乐中闪闪烁烁的飘浮，一种在毫无痛苦的、由远大眼目发射出来的观照中闪闪烁烁的飘浮。在这里，在至高的艺术象征中，我们看到了阿波罗的美的世界及其根基，看到了西勒尼的可怕智慧，并且凭借直觉把握到它们相互间的必要性。然而，阿波罗又是作为个体化原理的神化出现在我们面前的，唯在此个体化原理中，才能实现永远臻至的太一之目标，太一通过假象而达到的解救：阿波罗以崇高的[1]姿态向我们指出，这整个痛苦世界是多么必要，它能促使个体产生出具有解救作用的幻景，然后使个体沉湎于
40 幻景的[2]观照中，安坐于大海中间一叶颠簸不息的小船上。

这样一种对个体化的神化，如若它竟被认为是命令性的和制定准则的，那么，它实际上只知道一个(Ein)[3]定律，即个体，也就是遵守个体的界限，希腊意义上的**适度**(das *Maass*)。阿波罗，作为一个道德神祇，要求其信徒适度和自知——为了能够遵守适度之道，就要求有自知之明(Selbsterkenntnis)[4]。于是，与美的审美

---

① 崇高的] 1872 年第一版；1874/1878 年第二版付印稿：最崇高的。——编注

② 幻景的] 为 1872 年第一版和 1874/1878 年第二版付印稿中所没有的。——编注

③ 一个(Ein)] 1872 年第一版；1874/1878 年第二版付印稿：一个(ein)[译按：仅有大小写之分别]。——编注

④ 自知之明(Selbsterkenntnis)] 1872 年第一版；1874/1878 年第二版付印稿：自知之明(Selbsterkenntnis)。——编注

必然性并行不悖的，提出了“认识你自己”和“切莫过度！”的要求；而自傲自大和过度则被视为非阿波罗领域的真正敌对的恶魔，从而被视为前阿波罗时代（即泰坦时代）和阿波罗之外的世界（即野蛮世界）的特性。普罗米修斯因为对人类怀有泰坦式的大爱[1]，故必定要为苍鹰所撕咬；俄狄浦斯因其过度的智慧解开了斯芬克司[2]之谜，故必定要陷入一个纷乱的罪恶旋涡中：德尔斐之神就是这样来解释希腊的过去的。

阿波罗的希腊人以为，**狄奥尼索斯因素**所激起的效果也是“泰坦式的”和“野蛮的”：而这个希腊人同时又不能对自己隐瞒，他自己[3]实际上在内心深处也与那些被颠覆了的泰坦诸神和英雄们有着亲缘关系。的确，他必定还有更多的感受：他的整个此在以全部的美和节制，乃依据于痛苦和知识的一个隐蔽根基，这个根基又是由狄奥尼索斯因素向他揭示出来的。看哪！没有狄奥尼索斯，阿波罗就不能存活！说到底，“泰坦”和“野蛮”恰恰如同[4]阿波罗[5]，是必不可少的！现在让我们来设想一下，狄奥尼索斯庆典的狂欢销魂之声，是怎样以愈来愈诱人的魔力旋律，融入这一在假象和节制基础上建立起来的、并且受人为抑制的世界中的，而在这种魔力旋律中是怎样张扬出自然在快乐、痛苦和认识方面的全部**过度**，直到变成 41

---

[1] 因为对人类怀有泰坦式的大爱］1872 年第一版；1874/1878 年第二版付印稿：由于对人类怀有泰坦式的大爱的缘故。——编注

[2] 斯芬克司（Sphinx）：希腊神话中人首狮身的怪物，生性残酷，常让路人猜谜，猜不中即被她吃掉。俄狄浦斯猜出了谜，她便自杀了。——译注

[3] 他自己］据 1872 年第一版付印稿：狄奥尼索斯。——编注

[4] 如同］1872 年第一版；1874/1878 年第二版付印稿：作为。——编注

[5] 阿波罗］1872 年第一版付印稿：狄奥尼索斯。——编注

锐利的呼叫：让我们来设想一下，与这种着魔的民歌相比，那吟唱赞美诗的、有着幽灵般种种琴音[①]的阿波罗艺术家可能意味着什么！面对一种在陶醉中道出真理的艺术，"假象"艺术的缪斯女神们便黯然失色了，西勒尼的智慧对着快乐的奥林匹斯诸神高呼："哀哉！哀哉！"在这里，守着种种界限和适度原则的个体，便落入狄奥尼索斯状态的忘我之境中，忘掉了阿波罗的戒律了。过度揭示自身为真理，那种矛盾、由痛苦而生的狂喜，从自然天性的核心处自发地道出。而且如此这般，凡在狄奥尼索斯元素渗透进来的地方，阿波罗元素便被扬弃和被消灭了。[②] 而同样确凿无疑的是，在初次进攻被经受住的地方，德尔斐神的威望和庄严就表现得前所未有地稳固和咄咄逼人。实际上，我只能把多立克国家和多立克艺术解释为阿波罗的持续军营：只有在一种对泰坦式野蛮的狄奥尼索斯本质[③]的不断反抗当中，一种如此固执而脆弱、壁垒森严的艺术，一种如此战争式的和严肃的教育，一种如此残暴而冷酷的政制，才可能更长久地延续下来。

到这里，我已经进一步阐发了我在本书开头所作的说明，即：狄奥尼索斯元素与阿波罗元素如何在常新的[④]相伴相随的创生中相互提升，统辖了希腊的本质：在阿波罗的美的冲动[⑤]支配下，"青铜"时

---

① 种种琴音］1872年第一版；1874/1878年第二版付印稿：琴音。——编注

② 而且如此这般，凡在……］誊清稿：我借此已经表明，在狄奥尼索斯元素渗透进来的地方，狄奥尼索斯的诞生的直接后果就是阿波罗的消灭。——编注

③ 狄奥尼索斯本质］1872年第一版：狄奥尼索斯特性。——编注

④ 常新的］为1872年第一版和1874/1878年第二版付印稿中所没有的。——编注

⑤ 美的冲动］1872年第一版；1874/1878年第二版付印稿：美的冲动，［译按：此处多一逗号］。——编注

代借助于当时的泰坦诸神之争和严肃的民间哲学，如何演变为荷马的世界，这种“朴素的”壮丽景象又如何被狄奥尼索斯元素的洪流吞没了，而面对这种全新的势力，阿波罗元素如何奋起而成就了多立克艺术和多立克世界观的稳固庄严。如果以此方式，在那两 42
个敌对原则的斗争中，古希腊的历史分成四大艺术阶段[①]：[②]那么，我们现在就不得不进一步追问这种变易和驱动的最终意图——假如我们绝不至于把这最后达到的时期即多立克艺术时期视为那种艺术冲动的顶峰和目的。而在这里，呈现在我们眼前的，是**阿提卡悲剧**和戏剧酒神颂歌的崇高而卓著的艺术作品，它们是两种冲动的共同目标，在经过上述的长期斗争之后，这两种冲动的神秘联姻欢天喜地地产下一孩儿——她既是安提戈涅又是卡珊德拉[③]。

五[④]

现在我们接近本书探究的真正目标了，那就是认识狄奥尼索

① 艺术阶段］1872 年第一版：艺术时期。——编注

② 从上下文看，此处尼采所谓“四大艺术阶段”是指：神话（青铜或泰坦时代）、史诗（荷马时代）、抒情诗（狄奥尼索斯时代）和雕塑（多立克艺术时代）。——译注

③ 安提戈涅（Antigone）是俄狄浦斯之女，索福克勒斯同名悲剧中的女主人公，因不顾国王克瑞翁的禁令安葬了自己的兄长而被处死；卡珊德拉（Cassandra）是希腊神话中的女预言家，特洛伊的公主，雅典娜的祭司，阿波罗赋予她预言能力，然而又施以诅咒：她的预言将百发百中，但谁也不会相信。对尼采来说，安提戈涅反抗国王的法律而服从天神的律法，从而是与阿波罗神相联系的；而拒绝了阿波罗的追求的卡珊德拉则与狄奥尼索斯神相联系，故两者分别代表着日神阿波罗精神与酒神狄奥尼索斯精神。——译注

④ 参看 9［7］。——编注

斯和阿波罗的天才及其艺术作品，至少是感悟那个统一性的奥秘。在这里，我们首先[1]要追问的是，那全新的萌芽[2]，先在希腊世界的什么地方显露出来，后来才发展[3]为悲剧和戏剧酒神颂歌。关于这一点，古代史本身就给我们提供了形象的启示，古人把**荷马**和**阿尔基洛科斯**[4]当作希腊诗歌的始祖和火炬手，把两者并置于雕塑、饰物等等上面，并且确凿地感到，唯有这两个同样完全独创的人物才值得重视，从他们身上喷出来的一股火流涌向后世整个希腊世界。荷马，这位沉湎于自身的年迈梦想家，阿波罗式的朴素艺术家的典范，现在愕然看着狂野地贯通此在的英武的缪斯仆人阿尔基洛科斯那充满激情的脑袋：而近代美学[5]只知道做解释性的补充，居然说在这里，这位"客观"艺术家与第一位"主观"艺术家对峙[6]
43 起来了。这种解释对我们是无所裨益的，因为我们只把主观艺术家认作糟糕的艺术家，而且在任何种类和任何品位的艺术中，我们首要地先要求战胜主观性，解脱"自我"，不理睬任何个人的意志和欲望，确实，如若没有客观性，如若没有纯粹的无利害的直观，我们是决不可能相信哪怕最微不足道的真正艺术的生产的。因此，我们的美学必须首先解答这样一个问题："抒情诗人"如何可能成为

---

① 首先］1872 年第一版：最先。——编注

② 那全新的萌芽］1872 年第一版；1874/1878 年第二版付印稿：那关键点。——编注

③ 发展］1872 年第一版；1874/1878 年第二版付印稿：提升。——编注

④ 阿尔基洛科斯（Archilochus，约前 680—前 640 年）：古希腊抒情诗人，擅长个人经验和情感的抒发。——译注

⑤ 此处指黑格尔美学。黑格尔在《美学》中区分了客观艺术（史诗）与主观艺术（抒情诗）。——译注

⑥ 对峙］1872 年第一版；1874/1878 年第二版付印稿：对立。——编注

艺术家？——因为按照各个时代的经验来看，“抒情诗人”言必称“自我”，总是在我们面前演唱他那激情和欲望的整个半音音阶。与荷马相比较，正是这个阿尔基洛科斯通过其仇恨和嘲讽的呐喊，通过其欲望的狂热爆发，令我们感到惊恐；难道他，第一个所谓的主观艺术家，不是因此就成了真正的非艺术家么？然而，这样一来，这位诗人所享有的崇敬又从何而来呢？——恰恰连德尔斐的预言者，那“客观”艺术的发源地，也以非常奇怪的神谕向他表示了崇敬。

席勒曾通过一种他自己也无法说明、但看来并不可疑的心理观察，向我们揭示了他的创作过程；因为他承认，在创作活动的准备阶段，他面前和内心绝不拥有一[1]系列按思维因果性排列起来的形象，而毋宁说是有一种音乐情调（“在我这里，感觉起先并没有明确而清晰的对象；这对象是后来才形成的。某种音乐性的情绪在先，接着我才有了诗意的理念”[2]）。如果我们现在另外再加上整个古代抒情诗中最重要的现象，即那种普遍地被视为自然而然的抒情诗人与音乐家的一体化，实即两者的同一性——与此相比，我们现代的抒情诗就好比一尊无头神像了——，那么，根据前面所描述的审美形而上学，我们就可以用下面的方式来解释抒情诗人了。首先，作为狄奥尼索斯式的艺术家，抒情诗人是与太一及其痛苦和矛盾完全一体的，并且把这种太一的摹本制作为音乐，如若音 44

---

① 一］准备稿：——这是他如此确实地高声赞成的——一。——编注

② “在我这里，感觉起先……］参看席勒致歌德的信，1796年3月18日。——编注

乐有理由被称为一种对世界的重演和一种对世界的重铸的话；[①]但现在，在阿波罗的梦的影响下，抒情诗人又能仿佛在一种比喻性的梦境中看到这种音乐了。那种原始痛苦在音乐中的无形象又无概念的再现，连同它在假象中的解脱，现在就产生出第二次反映，成为个别的比喻或范例。艺术家已经在狄奥尼索斯的进程中放弃了自己的主观性：现在向他显示出他与世界心脏的统一性的形象，乃是一个梦境，这梦境使那种原始矛盾和原始痛苦，连同假象的原始快乐，变得感性而生动了。所以，抒情诗人的“自我”是从存在之深渊[②]中发出来的声音：而现代美学家所讲的抒情诗人的“主观性”，则是一种虚幻的想象。当希腊第一个抒情诗人阿尔基洛科斯对吕坎伯斯的女儿们表明自己疯狂的爱恋，而同时又表明自己的蔑视时，[③]在我们面前放纵而陶醉地跳舞的并不是他自己的激情：我们看到的是狄奥尼索斯及其女祭司，我们看到的是酩酊的狂热者阿尔基洛科斯醉入梦乡——正如欧里庇得斯在《酒神的伴侣》[④]中为我们描写的，日当正午，他睡在阿尔卑斯高山的牧场上——：而现在，阿波罗向他走来，用月桂枝触摸着他。于是，这位中了狄奥尼索斯音乐魔法的沉睡诗人，仿佛周身迸发出形象的火花，那就是抒情诗，其最高的发展形态叫做悲剧与戏剧酒神颂歌。

雕塑家和与之相类的史诗诗人沉湎于形象的纯粹观照中。狄

---

① 如若音乐有理由被称为……] 1872 年第一版：这种音乐，我们已经把它称为一种对世界的重演和一种对世界的重铸。——编注

② 此处“存在之深渊”原文为 der Abgrunde des Seins。——译注

③ 相传诗人阿尔基洛科斯爱上了吕坎伯斯的女儿，但吕坎伯斯不允许两人结合，诗人就作诗大加讽刺，致使父女两人都羞愤自杀了。——译注

④ 欧里庇得斯在《酒神的伴侣》] 第 668—677 行。——编注

奥尼索斯式的音乐家则无需任何形象，完全只是原始痛苦本身及其原始的回响。抒情诗的天才感觉到，从神秘的自弃状态和统一状态中产生出一个形象和比喻的世界，这个世界有另一种色彩、因果性和速度，完全不同于雕塑家和史诗诗人的那个世界。雕塑家和史诗诗人生活在此类形象中，而且只是在此类形象中才活得快乐惬意，才孜孜不倦，充满爱意地观照此类形象，做到明察秋毫的 45
地步；即便愤怒的阿卡琉斯形象对他们来说也不只是一个形象而已，对于这个形象的愤怒表达，他们是怀着那种对假象的梦幻般快感来欣赏的——结果，通过这种假象的镜子，他们就免于与其人物融为一体了；与之相反，抒情诗人的形象无非是**他**本人，而且可以说只是他自己的不同客观化，因此作为那个世界的运动中心，他就可以道说“自我”(ich)了：只不过，这种自我(Ichheit)与清醒的、经验实在的人的自我不是同一个东西，而毋宁说是唯一的、真正存在着的、永恒的、依据于万物之根基的自我，抒情诗的天才就是通过这种自我的映像而洞察到万物的那个根基的。现在让我们来设想一下，他如何在这些映像当中也见出**他自己**并非天才，亦即见出他的“主体”，也就是由主观的、针对某个确定的、在他看来实在的事物的激情和意志冲动构成的整个杂烩；倘若现在看来，仿佛抒情诗的天才和与之相联系的非天才是一体的，仿佛前者是自发地说出那个词儿“自我”，那么，现在这个假象再也不能诱骗我们了，再也不能像从前引诱那些把抒情诗人称为主观诗人的人们那样让我们迷惑了。实际上，阿尔基洛科斯，这个激情勃发、既爱又恨的人，只不过是天才的一个幻想，他已经不再是阿尔基洛科斯，而是世界天才，他通过阿尔基洛科斯这个人的那些比喻，象征性地道出自己的原始痛苦：而那个主观地意愿和欲求的人阿尔基洛科斯，根本上是决不可能成为诗人的。然则抒情诗人根本不必只把面前的阿尔基洛科斯这个人的现象看作永恒存在的反映；而且悲剧证明，抒情诗人的幻想世界可能与那种无疑最为切近的现象有多远。

46 **叔本华**，此公并不隐瞒抒情诗人为哲学造成的困难，他相信已经找到了一条出路，这条出路是我不能与之同行的。而唯有叔本华在他那深刻的音乐形而上学中获得了某种手段，得以决定性地克服上述困难：正如我相信，本着叔本华的精神，怀着对他的敬意，[①]我自己在这里已经做到了这一点。然而，叔本华却对歌曲(Lied)的本质作了如下描述(《作为意志和表象的世界》第一篇，第295页[②])："正是意志的主体，即自己的意愿，充斥着歌唱者的意识，往往作为一种已经得到释放、满足的意愿(快乐)，而更经常地可能是作为一种受抑制的意愿(悲哀)，总是作为情绪、激情、激动的心情。然则除此之外又与此相随地，歌唱者看到周边的自然，意识到自己乃是纯粹的、无意志的认识的主体，这种认识的坚定而福乐的宁静现在就与总是受限制的、总还贫乏的意愿之紧迫形成对照：真正说来，有关这种对照、这种交替的感觉就是在整个歌曲中表达出来的、根本上构成抒情状态的东西。在这种抒情状态中，纯粹的认识仿佛向我们走来了，为的是把我们从意志及其紧迫性中解救出来：我们跟在后面，但只是短暂片刻。意愿，对我们个人目标的回忆，总是重新剥夺了我们的宁静观照；但纯粹的、无意志的

---

① 敬意，] 1872年第一版；1874/1878年第二版付印稿：敬意 [译按：此处少了一个逗号]。——编注

② 《作为意志和表象……] 可参看第28页，第11—12行。——编注

(willenlose)[1]认识向我们呈现出来的下一个美景，同样总是一再引诱我们离开意愿。因此之故，在歌曲和抒情情调中，意愿(对于目的[2]的个人兴趣)与对呈现出来的周边景物的纯粹观照，奇妙地相互混合在一起了：两者之间的关系是我们要探索和想象的；主观的情调、意志的冲动在反射中把自己的色彩传染给被观照的景物，而后者又反过来把自己的色彩传染给前者：真正的歌曲就是这整个既混合又分离的心情状态的印迹(Abdruck)。”[3] 47

看了上述描述，谁还会弄错，抒情诗在此被刻画为一种未臻完满、似乎难得地突然间会达到目标的艺术，甚至就是一种半拉子艺术，其**本质**在于意愿与纯粹观照，亦即非审美状态与审美状态奇妙地相互混合在一起了？我们倒是认为，叔本华也依然把一种对立当作一种价值尺度，以此来划分艺术，那就是主观与客观的对立；而这整个对立实际上根本就不适合于美学，因为主体，也即有意愿的、要求其自私目的的个体，只能被看作艺术的敌人，而不能被看作艺术的本源。但只要主体是艺术家，那么主体就已然摆脱了自己的个体性意志，仿佛已经成了一种媒介，通过这一媒介，这个真正存在着的主体便得以庆贺它在假象中的解脱。因为，作为对我们的贬降**与**提升的原因，这一点是我们必须首先要弄清楚的，即：

---

① 无意志的(willenlose)] 1872年第一版，1874/1878年第二版付印稿，1874/1878年第二版；弗劳恩斯达特版，1872年第一版付印稿，大八开本版：无意志的(willenslose)。——编注

② 目的] 1872年第一版，1874/1878年第二版付印稿，1874/1878年第二版；弗劳恩斯达特版，大八开本版：各种目的(der Zwecke)[译按：此处改用复数]。——编注

③ 中译文参看叔本华：《作为意志和表象的世界》，石冲白译，商务印书馆，1986年，第346—347页。——译注

整部艺术喜剧根本不是为了我们，比如为了我们的改善和教化而上演的，我们同样也不是那个艺术世界的真正创造者：但关于我们自己，我们也许可以假定，对那个艺术世界的真正创造者而言，我们已然是形象和艺术投影，在艺术作品的意义方面具有我们至高的尊严——因为唯有作为**审美现象**，此在与世界才是永远**合理的**：——而无疑地，我们对于这种意义的意识与画布上的武士对画面上描绘的战役的意识几乎没有区别。所以，我们整个艺术知识根本上就是一种完全虚幻的知识，因为作为知识者，我们与那个人物——他作为那部艺术喜剧的唯一创造者和观众为自己提供一种永恒的享受——并不是一体的和同一的。唯当天才在艺术生产的
48 行为中与世界的原始艺术家融为一体时，他才能稍稍明白艺术的永恒本质；因为在这种状态中，他才奇妙地类似于童话中那个能够转动眼睛观看自己的可怕形象；现在，他既是主体又是客体，既是诗人、演员[1]又是观众[2]。[3]

---

[1] 演员(Schauspieler)］1872年第一版；1874/1878年第二版付印稿：演员(Acteur)。——编注

[2] 观众］誊清稿：观众。若没有一种对这一艺术家原始现象的猜度和洞察，则“美学家”就只是一个不寻常的空谈家而已。——编注

[3] 所以，我们整个艺术知识根本上……］准备稿：在此意义上，我们所有的艺术享受和认识就根本没有多么了不起的重要性了，因为那个人物——他作为每一部艺术喜剧的唯一创造者和观众，为自己提供一种永恒的享受——与我们并不是一体的和同一的。若不是天才的此在同时也教导我们，那个原始本质(Ur-Wesen)重又作为艺术创造和享受的本质向我们呈现出来，那么我们就必须这样来思考——结果，我们现在奇妙地成了童话中那个能够转动眼睛观看自己的可怕形象。于是，在每一个艺术环节中，我们同时成了主体与客体，既是诗人、演员又是观众。——编注

六

关于阿尔基洛科斯，学术研究已经发现[①]是他把民歌引入文学中的，而且由于这一功绩，在希腊人的一般评价中[②]，此公便获得了与荷马并肩的殊荣。但与完全阿波罗式的史诗相对立的民歌是什么呢？无非是阿波罗与狄奥尼索斯两者的一种结合过程的Perpetuum vestigium［永久痕迹］[③]；民歌的惊人流传，遍及所有的民族，总是不断滋生更新，对我们来说乃是一个证据，表明那自然的双重艺术冲动是多么强大：这双重冲动在民歌中留下了痕迹，类似于某个民族的纵情狂欢活动永远保留在其音乐中了。的确，历史上也必定能找到证据，证明每一个民歌丰产的时期如何强烈地受到狄奥尼索斯洪流的激发，而这种洪流，我们必须始终把它视为民歌的根基和前提。

不过，我们首先得把民歌看作音乐的世界镜子，看作现在要为自己寻找一种对应的梦境并且把这梦境在诗歌中表达出来的原始旋律。所以，旋律是第一位的和普遍性的东西，它因而也能在多种文本中承受多种客观化。在民众的质朴评价中，旋律也是最为重要、最为必要的东西。旋律使诗歌产生，而且总是一再重新产生出来；这一点正是民歌的诗节形式要告诉我们的：在最后找到这种解 49

① 关于阿尔基洛科斯……］1872年第一版：关于阿尔基洛科斯，希腊史告诉我们。——编注

② 在希腊人的一般评价中］为1872年第一版所没有的。——编注

③ 原文为拉丁文。——译注

释之前,我对此现象的观察总是不免惊讶。谁若根据这一理论来审视一部民歌集,例如《男童的神奇号角》[①],他就将找到无数的例子,来说明这持续生育的旋律是怎样迸发出形象的火花的:这形象的火花绚丽多彩,突兀变化,纷至沓来,显露出一种与史诗假象及其静静流动完全格格不入的力量。从史诗角度来看,抒情诗的这个不均衡和不规则的形象世界简直是大可谴责的:这无疑就是特尔潘德[②]时代阿波罗庆典上那些庄重的流浪史诗歌手干的事。

于是,在民歌创作中,我们看到语言高度紧张,全力去模仿音乐,因此从阿尔基洛科斯开始,就有了一个骨子里与荷马世界相悖的全新的诗歌世界。由此我们描绘了诗歌与音乐、词语与音响之间唯一可能的关系:词语、形象、概念寻求一种类似于音乐的表达,现在遭受到音乐本身的强力。在此意义上,按照语言模仿现象世界和形象世界还是模仿音乐世界,我们可以区分出希腊民族语言史上的两大主流[③]。人们只要深入想一想荷马与品达在语言色彩、句法构造和词汇方面的差异,就能把握这种对立的意义了;的确,人们不难弄清楚,在荷马与品达之间[④],必定奏响过纵情狂欢的奥林匹斯笛声,直到亚里士多德时代,一个音乐已经极其发达的时代,这笛声依然令人陶醉激动,而且确实以其原始的作用,激发同时代人的一切诗歌表现手段去模仿它。在这里我愿提醒读者注

① 《男童的神奇号角》:由德国浪漫派作家阿尔尼姆和布伦塔诺编辑的德国民歌集,第一集出版于 1805 年,第二、三集出版于 1808 年。——译注

② 特尔潘德(Terpander,约公元前 7 世纪):古希腊诗人、音乐家,相传是希腊七弦琴的发明者。——译注

③ 主流〕据誊清稿:一种非音乐的与一种音乐的主潮。——编注

④ 在荷马与品达之间〕1872 年第一版:此间(在荷马与品达之间)。——编注

意我们时代的一个熟知的、似乎为我们的美学一味反感的现象。50
我们一再体验到，贝多芬的一首交响曲如何迫使个别的听众形成一种形象的说法，尽管一首乐曲所产生的不同形象世界的组合看起来是缤纷多彩的，甚至于是矛盾的：靠此种组合来练习可怜的才智，却忽视了真正值得解释的现象，这委实是我们的美学的本色。的确，即使这位音响诗人自己用形象来谈论一首乐曲，比如把一首交响曲称为“田园交响曲”，[①]把其中一个乐章称为“溪边景色”，把另一个乐章称为“乡民的欢聚”，这些名堂也同样只是比喻性的、从音乐中产生的观念——而且绝非音乐模仿的对象——关于音乐的**狄奥尼索斯**内容，这些观念在任何一个方面都未能给我们什么教益，甚至没有堪与其他形象比肩的独特价值。现在我们必须将这个把音乐发泄到形象中的过程，转嫁到一个朝气蓬勃、具有语言创造力的人群身上，方能猜度分成诗节的民歌是如何形成的，以及整个语言能力如何通过全新的音乐模仿原理而受到激发。

所以，如果我们可以把抒情诗看作音乐通过形象和概念而闪发出来的模仿性光辉，那么，我们现在就可以问：“音乐在形象和概念的镜子里是作为什么**显现**出来的？”**音乐显现为意志**（叔本华所讲的意志），也即显现为审美的、纯粹观照的、无意志的情调的对立面。在这里，我们要尽可能鲜明地区分本质概念与现象[②]概念：因为按其本质来看，音乐不可能是意志，原因在于，倘若音乐是意志，

① 贝多芬的著名作品，又称《F大调第六交响曲》，其中第二乐章为“溪边景色”，第三乐章为“乡民的欢聚”。——译注

② 此处译文未能体现名词“现象”（Erscheinung）与上文动词“显现”（erscheinen）的直接联系，或也可把“现象”（Erscheinung）译为“显现”。——译注

则它就会完全被逐出艺术领域了——因为意志本身乃是非审美的
51 东西——；但音乐却显现为意志。因为，为了用形象来表达音乐的现象，抒情诗人就需要一切激情勃发，从爱慕的细语到癫狂的怒号；受制于那种要用阿波罗式的比喻来谈论音乐的冲动，他把整个自然以及置身于自然中的自身仅只理解为永远意愿者、欲求者、渴望者。[1] 不过，只要他用形象来解说音乐，他自己就稳坐在阿波罗式静观的宁静大海上面，即使他通过音乐的媒介直观到的一切都在他周围处于紧迫而喧闹的运动中。的确，当他通过这同一个媒介洞察到自身时，显示在他面前的，乃是处于感情未得满足的状态中的他自己的形象：他自己的意愿、渴望、呻吟、欢呼，对他来说，都是他用来解说音乐的一种比喻。这就是抒情诗人现象：作为阿波罗式的天才，他通过意志的形象来阐释音乐，而他自己则完全摆脱了意志的贪欲，成为纯粹清澈的太阳之眼。

我们上面的整个探讨都坚持了一点：抒情诗依赖于音乐精神，恰如音乐本身在其完全无限制的状态中并不*需要*形象和概念，而只是*容忍*它们与自己并存。抒情诗人的诗作所能道出的，不外乎是这样一个东西，它并没有——以最高的普遍性和有效性——已然包含于那种迫使他用形象说话的音乐中。正因此，音乐的世界象征决不是靠语言就完全对付得了的，因为它象征性地关涉到太一（das Ur-Eine）心脏中的原始矛盾和原始痛苦，因此象征着一个

① 因为，为了用形象来表达……］据准备稿：因为，为了把音乐现象形象化，抒情诗人就需要一切激情的勃发和协调：他不仅把自身当作永远意愿者来谈论，而且也赋予自然这样一种欲求和渴望之波动：根据前面的探讨，这一点同样也要这样来理解，恰如整个此在（Dasein）、世界的有限性向我们显现为一种持续的意愿和生成。——编注

超越所有现象,并且先于所有现象的领域。与之相比,一切现象毋宁说都只是比喻:所以,作为现象的器官和象征,**语言**决不能展示出音乐最幽深的核心,倒不如说,只要语言参与对音乐的模仿,那它就始终仅仅处于一种与音乐的表面接触中,而音乐最深邃的意义①,则是所有抒情诗的雄辩和辞令都不能让我们哪怕稍稍接近 52
一步的。

七②

现在,为了在被我们称为**希腊悲剧之起源**的迷宫里找到出路,我们必须借助于前面探讨过的全部艺术原理③。如果我说,这个起源问题直到现在都还没有被严肃地提出来过,更遑论得到解决了,我想这并非无稽之谈,虽则古代传说的褴褛衣裳,是多么经常地被人们缝了又拆,拆了又缝。这个古代传说十分确凿地告诉我们,**悲剧是从悲剧合唱歌队中产生的**,原本只是合唱歌队,且无非是合唱歌队而已:所以,我们就有责任把这种悲剧合唱歌队当作真正的原始戏剧来加以深入的考察,而不能不管三七二十一地满足于各种流俗的有关艺术的陈词滥调——诸如说悲剧合唱歌队是理想的观众,或者说,悲剧合唱歌队是要代表④与剧中贵族势力相对

---

① 意义] 1872 年第一版:内核。——编注

② 参看 9 [9]。——编注

③ 我们必须借助于……] 1872 年第一版付印稿:我们必须试验一下这种关于悲剧合唱歌队的观点。——编注

④ 代表] 1872 年第一版;1874/1878 年第二版付印稿:意指。——编注

抗的民众。后一种解释，在某些政治家听来是相当崇高的[①]，仿佛民主的雅典人那始终不渝的道德法则在民众合唱歌队中得到了体现，而这歌队超越君王们的狂热越规和无度放纵，总是有着自己的权利；这种解释法尽管还很可能是由亚里士多德的一句话引发的，但它对于悲剧的原始构成却是毫无影响的，因为民众与贵族的整个对立，一般而言[②]就是任何政治和社会领域，都是与那些纯粹宗教的起源无关的。不过，着眼于我们所熟悉的埃斯库罗斯和索福克勒斯那里的合唱歌队的古典形式，我们也可以认为，要在这里谈论关于一种“立宪人民代表制”的预感，那就是一种渎神之举
53 了——却是一种别人不曾害怕过的渎神之举。古代的国家政制在实践上(in praxi)是不知道一种立宪人民代表制的，而且，但愿他们甚至也不曾在他们的悲剧中对此有过“预感”。

比上述关于合唱歌队的政治解释还要著名得多的，乃是A. W.施莱格尔[③]的想法。此人建议我们在一定程度上把合唱歌队视为观众的典范和精华，视为“理想的观众”。这种观点，与那种说悲剧原本只是合唱歌队的历史传说相对照，就露出了自己的马脚，就表明自身是一种毛糙的、不科学的、[④]但却光彩夺目的主张；而这种主张之所以光彩夺目，只是由于它那浓缩的表达

---

① 在某些政治家听来是相当崇高的] 誊清稿：过分自由的、崇高的想法。——编注

② 一般而言] 1872年第一版：简言之。——编注

③ 奥古斯特·威廉·施莱格尔(A. W. Schlegel，1767—1845年)：德国文艺理论家、翻译家。著有《文学艺术讲稿》、《论戏剧艺术和文学》等。——译注

④ 毛糙的、不科学的、] 1872年第一版；1874/1878年第二版付印稿：毛糙的不科学的［译按：此处只有标点之差别］。——编注

形式，只是由于对一切所谓“理想”的地道日耳曼式的偏见，以及我们一时的惊愕。实际上，一旦我们把我们十分熟悉的剧场观众与希腊的合唱歌队相比较，并且问一问自己，是否可能把剧场观众理想化，从中提取出某种类似于悲剧合唱歌队的东西，这时候，我们便大为惊愕了。我们默然否定这一点，我们现在对施莱格尔的大胆主张深表惊异，恰如我们惊异于希腊观众那完全不同的本性。因为我们始终以为，真正的观众，无论他是谁人，必定总是意识到自己面对的是一件艺术作品，而不是一个经验的实在：而希腊人的悲剧合唱歌队却不得不在舞台形象中认出真实存在的人。扮演海神之女的合唱歌队真的相信自己看到的是泰坦巨神普罗米修斯，并且认为自己是与剧中神祇一样实在的。莫非最高级和最纯粹的观众类型，就得像海神之女一样把普罗米修斯看作真实现成的和实在的么？莫非理想观众的标志就是跑到舞台上面把神从折磨中解放出来么？我们曾相信一种审美的观众，曾认为一个观众越是能够把艺术作品当作艺术，也即说，越是能够审美地看待艺术作品，他就越是一个有合格才能的 54
观众；而现在，施莱格尔的表述却暗示我们：完善的、理想的观众根本不是让戏剧世界审美地对他们发挥作用，而是要让它以真实经验的方式对他们发挥作用。这些希腊人啊！——我们不免唏嘘[①]；他们竟推翻了我们的美学！但既已习惯于此，每每谈到合唱歌队时，我们总不免要重复施莱格尔的箴言。

---

① 唏嘘］1872 年第一版付印稿；1872 年第一版；1874/1878 年第二版付印稿；大八开本版：曾唏嘘［译按：此处只有德语动词时态形式的差别］。——编注

然而，那个十分明确的传说在此却反驳了施莱格尔：没有舞台的合唱歌队本身，也即悲剧的原初形态，是不能与那种理想观众的合唱歌队相互调和的。一个从观众概念中提取出来的、或许要[①]以“观众本身”为其真正形式的艺术种类，那会是什么呢？所谓没有戏剧的观众，这是一个荒谬的概念。我们担心，悲剧的诞生既不能根据对民众道德理智的高度重视来说明，也不能根据与戏剧无关的观众概念来说明；我们认为这个问题太过深刻了，如此肤浅的考察方式是连它的皮毛都不能触及的。

早在《墨西拿的新娘》[②]的著名序言中，席勒就透露了一种极为可贵的关于合唱歌队之意义的见解。他把合唱歌队视为悲剧在自身四周建造起来的一道活的围墙，旨在与现实世界完全隔绝开来，以保存[③]其理想根基和诗性自由。[④]

席勒以他这个主要武器与庸俗的自然概念作斗争，与通常强求于戏剧诗歌的幻想作斗争。以席勒之见，即便戏剧里的日子本身只是人为的，舞台布景只是象征性的，韵律语言带有理想的性质，但总还流行着一种整体谬见，即：人们把构成一切诗歌之本质的东西仅仅当作一种诗性自由来加以容忍，那是不够的。采用合

---

① 或许要］1872年第一版付印稿；要［译按：此处只有德语动词时态形式的差别］。——编注

② 系席勒作于1803年的剧本。——译注

③ 保存(bewahren)］准备稿；1872年第一版付印稿；1872年第一版；1874/1878年第二版付印稿；大八开本版。1874/1878年第二版则为：证明(bewähren)。——编注

④ 早在《墨西拿的新娘》……］参看席勒：《论悲剧中合唱歌队的使用》(《墨西拿的新娘》序言，1803年)。——编注

唱歌队乃是[1]一个决定性的步骤，人们借此得以[2]光明磊落地向艺术中的一切自然主义宣战。——在我看来，我们这个自命不凡的时代用“伪理想主义”这样一个轻蔑标语来表示的，正是这样一种考察方式。我担心的是，以我们现在对于自然和现实的尊重，我们反而达到了一切理想主义的对立面，也即达到蜡像馆领域了。如同在某些受人热爱的当代小说中一样，在蜡像馆里也有一种艺术：只是别折磨我们，别要求我们相信这种艺术已经战胜了席勒和歌德的“伪理想主义”。 55

诚然，按照席勒的正确观点，古希腊的萨蒂尔合唱歌队（亦即原初悲剧的合唱歌队）常常漫游其上的基地，正是一个“理想的”基地，一个超拔于凡人之现实变化轨道的基地。希腊人为这种合唱歌队建造了一座虚构的**自然状态**的空中楼阁，并且把虚构的**自然生灵**（*Naturwesen*）置于它上面。悲剧是在这个基础上生长起来的，因此无疑从一开始就已经消除了一种对于现实的仔细摹写。但它却不是一个任意地在天地之间想象出来的世界；而毋宁说，它是一个具有同样实在性和可信性的世界，如同奥林匹斯及其居住者[3]对于虔信的希腊人而言所具有的那种实在性和可信性。作为狄奥尼索斯的合唱歌者，萨蒂尔生活在一种在宗教上得到承认的现实性之中，那是一种受神话和祭礼认可的现实性。悲剧始于萨

---

① 乃是］1872 年第一版：或许是［译按：此处只有德语动词时态形式的差别］。——编注

② 得以］1872 年第一版：可以［译按：此处“得以”为 werde，“可以”为 sei］。——编注

③ 此处指奥林匹斯诸神。——译注

蒂尔，狄奥尼索斯的悲剧智慧由萨蒂尔之口道出，这是一个在此令我们十分诧异的现象，恰如悲剧产生于合唱歌队让我们奇怪。也许，当我提出断言，主张虚构的自然生灵萨蒂尔与文化人的关系就如同狄奥尼索斯音乐之于文明一样，这时候，我们就赢获了考察工
56 作的起点。理查德·瓦格纳曾说过，文明被音乐所消除，正如同烛光为日光所消除[1]。同样地，我相信，古希腊的文化人面对萨蒂尔合唱歌队会感到自己被消融了：而且此即狄奥尼索斯悲剧的下一个效应，即国家和社会，一般而言就是人与人之间的种种鸿沟隔阂，都让位给一种极强大的、回归自然心脏的统一感了。正如我已经指出的那样，所有真正的悲剧都以一种形而上学的慰藉来释放我们，即是说：尽管现象千变万化，但在事物的根本处，生命却是牢不可破、强大而快乐的。这种慰藉具体而清晰地显现为萨蒂尔合唱歌队，显现为自然生灵的合唱歌队；这些自然生灵仿佛无可根除地生活在所有文明的隐秘深处，尽管世代变迁、民族更替，他们却永远如一。

深沉的希腊人，唯一地能够承受至柔至重之痛苦的希腊人，就以这种合唱歌队来安慰自己。希腊人能果敢地直视所谓世界历史的恐怖浩劫，同样敢于直观自然的残暴，并且陷于一种渴望以佛教方式否定意志的危险之中。是艺术挽救了希腊人，而且通过艺术，生命为了自身而挽救了希腊人。

---

① 语出瓦格纳的文章《贝多芬》(1870年)。句中“消除”德语原文为 aufheben，具“消除”与“保存”双重意义，在哲学上(如在黑格尔那里)常被译解为“扬弃”。——译注

狄奥尼索斯状态的陶醉[①]，以其对此在生命的惯常范限和边界的消灭，在其延续过程中包含着一种**嗜睡忘却**的因素，一切过去亲身体验的东西都在其中淹没了。于是，这样一条忘川就把日常的现实世界与狄奥尼索斯的现实世界相互分割开来了。然而一旦那日常的现实性重又进入意识之中，人们便带着厌恶来感受它了；一种禁欲的、否定意志的情绪就是对那些状态的畏惧。在此意义上，狄奥尼索斯式的人就与哈姆雷特有着相似之处：两者都一度真正地洞察过事物的本质，两者都**认识**了，都厌恶行动；因为两者的行动都丝毫不能改变事物的永恒本质，他们 57
感觉到，指望他们重新把这个四分五裂的世界建立起来，那是可笑的或者可耻的。认识扼杀行动，行动需要幻想带来的蒙蔽——此乃哈姆雷特的教导，不是梦想家汉斯[②]的廉价智慧，后者由于太多的反思，仿佛出于一种可能性过剩而不能行动；并不是反思，不是！——是真实的认识，是对可怕的真理的洞见，压倒了任何促使行动的动机，无论在哈姆雷特那里还是在狄奥尼索斯式的人类那里都是如此。现在，任何慰藉都无济于事了，渴望超越了一个死后的世界，超越了诸神本身，此在生命，连同它

---

① 狄奥尼索斯状态的陶醉］准备稿：如果我们现在试图把席勒的断言——即认为希腊悲剧不只是在时间顺序上、而且在诗歌上以及在其本己固有的精神上都已经摆脱了合唱歌队——与我们前面描述的艺术原理协调起来，那么，我们首先必须提出两个命题。戏剧只要是表演性的，则本身就与悲剧无甚关系，也与喜剧无甚关系。从狄奥尼索斯的合唱歌队中，发展出悲剧和喜剧，亦即两种特有的世界考察形式，它们包含着那些起初不可言说和无可表达的狄奥尼索斯经验的概念性结果。狄奥尼索斯的陶醉状态。——编注

② 梦想家汉斯，指瓦格纳《纽伦堡的工匠歌手》中的人物汉斯·萨克斯（Hans Sachs）。——译注

在诸神身上或者在一个不朽彼岸中的熠熠生辉的反映，统统被否定掉了。现在，有了对一度看到过的真理的意识，人就往往只看见存在的恐怖或荒谬；现在，人就明白了奥菲利亚[①]的命运的象征意义；现在，人就能知道森林之神西勒尼的智慧了：这使人心生厌恶。

在这里，在这种意志的高度危险中，**艺术**作为具有拯救和医疗作用的魔法师降临了；唯有艺术才能把那种对恐怖或荒谬的此在生命的厌恶思想转化为人们赖以生活下去的观念：那就是**崇高**和**滑稽**，崇高乃是以艺术抑制恐怖，滑稽乃是以艺术发泄对荒谬的厌恶。酒神颂歌的萨蒂尔合唱歌队就是希腊艺术的拯救行为；在这些狄奥尼索斯伴随者的中间世界里，前面描述过的那些突发情绪得到了充分发挥[②]。

八

萨蒂尔有如我们现时代的田园牧歌中的牧人，两者都是一
58 种对原始和自然的渴望的产物；但希腊人以何种坚定和果敢的手去拥抱他们的森林之人，而现代人则是多么羞怯而柔弱地去戏弄一个情意绵绵的、弱不禁风的吹笛牧人的媚态形象啊！尚

---

① 奥菲利亚(Ophelia)：莎士比亚《哈姆雷特》一剧中哈姆雷特王子的恋人，其父为王子所误杀。——译注

② 前面描述过的那些突发情绪得到了充分发挥] 准备稿：前面描述过的状态得到了充分发挥。唯有作为狄奥尼索斯的仆人，看到了西勒尼之毁灭性智慧的人，——才能承受自己的实存。——编注

未经认识加工的、尚未开启文化之门闩的自然——此乃希腊人在萨蒂尔身上见出的，因此在希腊人看来，萨蒂尔还不能与猿猴混为一谈。相反：萨蒂尔乃是人类的原型，是人类最高最强的感情冲动之表达，作为因神之临近而欣喜若狂的狂热者，作为充满同情地重演神之苦难的伙伴，作为来自自然最深源泉的智慧先知，作为自然之万能性力的象征，希腊人习惯于以敬畏和惊讶之情看待之。萨蒂尔乃是某种崇高的和神性的东西：特别是以狄奥尼索斯式人类的黯然神伤的眼睛来看，萨蒂尔就必定如此。乔装的、捏造的牧羊人会对萨蒂尔构成侮辱：他的眼睛以崇高的满足感留恋于毫无遮掩和毫不枯萎的自然壮丽笔法；在这里，文明的幻景被人类的原型一扫而光，在这里，真实的人类，向自己的神灵欢呼的长胡子的萨蒂尔，露出了真相。在他面前，文明人萎缩成了一幅骗人的讽刺画。即便对于悲剧艺术的此种开端，席勒也是对的：合唱歌队乃是一面抵御现实冲击的活墙，因为它——萨蒂尔合唱歌队——比通常自以为是唯一实在的文明人更真实、更现实、更完整地反映出此在生命。诗歌领域并非在世界之外，作为诗人脑袋里的一个想象的空中楼阁：恰恰相反，它想成为对真理的不加修饰的表达，正因此，它必须摈弃文明人那种所谓的现实性的骗人盛装。这种本真的自然真理与把自己装成唯一实在的文明谎言之间的对立，类似于事物的永恒核心（即 59
物自体）与整个现象界之间的对立；而且正如悲剧以其形而上学的慰藉指示着在现象不断毁灭之际那个此在核心（Daseinskern）的永生，同样地，萨蒂尔合唱歌队的象征已然用一个比喻道出了物自体与现象之间的原始关系。现代人中那种田园式牧人仅仅被他们当作自然的全部教化幻景的一幅肖像[1];而狄奥尼索斯的希腊人则想要具有至高力量的真理和自然——他们看到自己魔化为萨蒂尔了。[2]

本着此类情绪和认识,狄奥尼索斯信徒的狂热队伍欢呼雀跃:他们的力量使他们自身[3]在自己眼前发生转变,以至于他们误以为看到自己成了再造的自然精灵,成了萨蒂尔。后来的悲剧合唱歌队的结构就是对这种自然现象的艺术模仿;诚然,在这种模仿中,现在有必要区分一下狄奥尼索斯的观众与狄奥尼索斯的着魔者。只不过,我们必须时时记住,阿提卡悲剧的观众在乐队的合唱歌队中重新找到了自己,根本上并不存在观众与合唱歌队之间的对立:因为一切都只是一个伟大而崇高的合唱歌队,由载歌载舞的萨蒂尔或者那些由萨蒂尔来代表的人们所组成的合唱歌队。在这

---

① 文明谎言之间的对立……] 准备稿:文明谎言之间的对立,消解于具有释放作用的大笑表情中,就如同消解于崇高者因狄奥尼索斯式人物的心灵而起的战栗。狄奥尼索斯式人物想要真理,从而想要具有至高力量的自然,以之作为艺术;而教养之士则想要自然主义,亦即被他们当作自然的全部教化幻景的一幅肖像。——编注

② 萨蒂尔有如我们现时代的……] 准备稿中被中断的开头:所以,我们必须把狄奥尼索斯式的人理解为萨蒂尔合唱歌队的真正创造者,这种人把他自己的——但崇高的、同时又滑稽的萨蒂尔世界是怎样从狄奥尼索斯式的人的心灵中升起的呢——鉴于萨蒂尔合唱歌队,智慧的西勒尼对这种惊恐的"自然主义"艺术家叫喊:这里你们有了那种人,那种人类的原型。看看你们吧!你们皱眉头了吗?你这骗人的无赖!尽管如此,我们是认识你们的,我们知道你们是谁,萨蒂尔那羞怯的影子,为你们的父辈所否认的狼狈的、蜕化的后代。因为他们站在这里,你们诚实的父辈,你们长毛的和长尾巴的祖先啊!我们是真理而你们是谎言——面对这种萨蒂尔式的人,那田园式牧人有何意思?他向我们解释歌剧的出现,恰如萨蒂尔式的人向我们解释悲剧的诞生。——编注

③ 自身] 1872 年第一版;1874/1878 年第二版付印稿:自身,[译按:此处只多了一个逗号]。——编注

里，施莱格尔的话必定在一种更深的意义上启发我们。只要合唱歌队是唯一的观众，是舞台幻景世界的观众，那么它就是“理想的观众”。正如我们所知道的，由旁观者组成的观众，是希腊人所不知道的：在希腊人的剧场里，每个人坐在弧形的层层升高的梯形[1]观众席上，都有可能真正地对自己周围的文明世界视而不见，全神贯注而误以为自己也是合唱歌队的一员了。按这个看法，我们就可以把原始悲剧最初阶段的合唱歌队称为狄奥尼索斯式人类的一 60
种自我反映：这个[2]现象可以用演员的过程最清晰地加以说明，演员若真有才华，就能看到他扮演的角色栩栩如生地浮现在自己眼前。萨蒂尔合唱歌队首先是狄奥尼索斯式群众的一个幻景，正如舞台世界乃是这种萨蒂尔合唱歌队的幻景[3]：这种幻景的力量十分强大，足以使人的目光对“实在”之印象麻木不仁，对周围一排排座位上的教养之士毫无感觉。希腊剧场的形式让人想起一个孤独的山谷：舞台的建筑显得像一朵闪亮的云彩，在群山上四处游荡的酒神从高处俯瞰这云彩，宛若一个壮丽的框子，狄奥尼索斯形象就在其中心向他们彰显。

我们这里为说明悲剧合唱歌队而表达出来的这种艺术原始现象，按照我们对基本艺术过程的学究式考察来看，几乎是有失体统的；而最确定无疑的是，诗人之为诗人，只是因为他看到自己为形象所围绕，这些形象在他面前存活和行动，而且他能洞见其最内在

---

[1] 在弧形的层层升高的梯形］1872 年第一版：在圆形露天剧场建筑。——编注

[2] 这个］1872 年第一版：作为这个。——编注

[3] 正如舞台世界乃是……］准备稿：在其中他们能看到自己。——编注

的本质[1]。由于现代天赋的一个特有弱点，我们往往把审美的原始现象设想得太过复杂和抽象。对于真正的诗人来说，比喻并不是一个修辞手段，而是一个代表性的图像，它取代某个概念、真正地浮现在他面前。对他来说，角色并不是某种由搜集来的个别特征组成的整体，而是一个在他眼前纠缠不休的活人，后者与画家的同类幻景的区别只在于持续不断的生活和行动。何以荷马的描绘比所有诗人都要直观生动得多呢？因为荷马直观到的要多得多。
61 我们如此抽象地谈论诗歌，因为我们通常都是烂诗人。根本上，审美现象是简单的；只要有人有能力持续地看到一种活生生的游戏，不断地为精灵所簇拥，那他就是诗人；只要有人感受到要改变自己、以别人的身心来说话的冲动，那他就是戏剧家。

狄奥尼索斯的兴奋和激动能够向全部群众传布这种艺术才能，让人们看到自己为这样一些精灵所簇拥，知道自己内心与它们合为一体。悲剧合唱歌队的这个过程乃是**戏剧的**原始现象：看到自己在自身面前转变，现在就行动起来，仿佛真的进入另一个身体、进入另一个角色中了。这一过程处于戏剧之发展的开端。这里有某种不同于行吟诗人的东西，行吟诗人并没有与其形象相融合，而倒是类似于画家，用静观的眼睛从外部来观看；这里已经有一种个体的放弃，即个体通过投身于某个异己的本性而放弃自己。而且，这种现象是传染性地[2]出现的：整群人都感到自己以此方式着了魔。因此，酒神颂歌本质上不同于其他所有的合唱曲。少女

---

① 而且他能洞见其最内在的本质］准备稿：他［直觉地］通过直觉与它们最内在的本质相一致。——编注

② 传染性地］1872 年第一版：地方性地。——编注

们手持月桂枝,庄严地走向阿波罗神庙,同时唱着一首进行曲,她们依然是她们自己,并且保持着自己的市民姓名;而酒神颂歌的合唱歌队却是一支由转变者组成的合唱歌队,他们完全忘掉了自己的市民身世和社会地位:他们变成了无时间的、生活在一切社会领域之外的他们自己的神的仆人。希腊人的所有其他合唱抒情诗只不过是对阿波罗独唱歌手的一种巨大提升;而[1]在酒神颂歌中,却有一个不自觉的演员群体站在我们面前,他们彼此看到了各自的变化。[2]

施魔[3]乃是一切戏剧艺术的前提条件。在这种施魔当中,狄奥尼索斯的狂热者把自己看成萨蒂尔,**而且又作为萨蒂尔来观看** 62
神,也就是说,他在自己的转变中看到自身外的一个新幻景,此即他自己那种状态的阿波罗式的完成。有了这个新幻景,戏剧就完整了。

根据上述认识,我们就必须把希腊悲剧理解为总是一再地在一个阿波罗形象世界里爆发出来的狄奥尼索斯合唱歌队。所以,那些把悲剧编织起来的合唱部分,在一定程度上就是整个所谓对话的娘胎,即全部舞台世界、真正的戏剧的娘胎。在多次相继的爆发过程中,悲剧的这个原始根基放射出那个戏剧的幻景:它完全是梦的显现,从而具有史诗的本性;但另一方面,作为一种狄奥尼索

---

① 而] 准备稿:没有人会自暴自弃,那是独唱歌手的群体,而。——编注

② 准备稿中接着有如下句子:所以,抒情诗人现象分为两个种类:看到面前形象的抒情诗人与把自身看作形象的抒情诗人,亦即阿波罗式的与狄奥尼索斯式的抒情诗人。——编注

③ 此处"施魔"德语原文为 Verzauberung,或可译"魔化"。——译注

斯状态的客观化，它并不是在假象中的阿波罗式解救，而倒是相反地，是个体的破碎，是个体与原始存在（Ursein）的融合为一[①]。因此，戏剧乃是狄奥尼索斯式认识和效果的阿波罗式具体体现，由此便与史诗相分隔，犹如隔着一条巨大的鸿沟。

以我们上述这种观点，希腊悲剧的**合唱歌队**，全部有着狄奥尼索斯式兴奋的群众的象征，就获得了完全的解释。从前，我们习惯于合唱歌队在现代舞台上的地位，根本不能理解希腊人那种悲剧合唱歌队何以比真正的“动作”（Action）更古老、更原始，甚至更重要，——这一点却是十分清晰地流传下来的——；再者，我们又不能赞同那种流传下来的高度重要性和原始性，既然悲剧合唱歌队实际上只是由卑微的仆人组成的，甚至首先只是由山羊般的[②]萨蒂尔组成的；对我们来说，舞台前的乐队始终是一个谜；而现在，我们已经达到了如下洞识：根本上，舞台连同动作原始地仅仅被当作
63 **幻景**（*Vision*）了，唯一的“实在”正是合唱歌队，后者从自身中产生出幻景，并且以舞蹈、音乐和语言的全部象征手段来谈论幻景。这个合唱歌队在其幻景中看到自己的主人和大师狄奥尼索斯，因此永远是**臣服的**合唱歌队：它看见这位神灵[③]如何受苦受难，如何颂扬自己，因此自己并不**行动**。虽然合唱歌队处于这样一种对神灵的臣服地位，但它却是**自然**的最高表达，即狄奥尼索斯式的表达，因而就像自然一样在激情中言说神谕和智慧：它作为**共同受苦者**，

① 是个体与原始存在（Ursein）的融合为一］准备稿：是涌现人原始痛苦中。因此对话以及一般地。——编注

② 山羊般的］1872 年第一版：山羊腿的。——编注

③ 这位神灵］准备稿：原始痛苦和原始矛盾的映象。——编注

同时也是智慧者，从世界心脏出发来宣告真理的智者。于是就形成了那个幻想的、显得如此有失体统的智慧而热情的萨蒂尔[①]形象，后者同时又是与神相对立的“蠢人”：自然及其最强烈的冲动的映象，甚至是自然的象征，又是自然之智慧和艺术的宣告者，集音乐家、诗人、舞蹈家和通灵者于一身[②]。[③]

依照这种认识，也依照传统的看法，狄奥尼索斯，这个真正的舞台主角和幻景中心，起初在悲剧的最古时期并不是真正现存的，而只是被设想为现存的，也就是说，悲剧原始地只是“合唱歌队”，而不是“戏剧”。到后来，人们才尝试着把这位神当作实在的神灵显示出来，并且把幻象及其具有美化作用的氛围表现出来，使之有目共睹；由此开始了狭义的“戏剧”。现在，酒神颂歌的合唱歌队便获得了一项任务，就是要以狄奥尼索斯的方式激发观众的情绪，使之达到陶醉的程度，以至于当悲剧英雄在舞台上出现时，观众们看到的绝不是一个戴着奇形怪状面具的人，而是一个仿佛从他们自己的陶醉中产生的幻象。让我们来想想阿德墨托斯，他深深地

---

① 萨蒂尔］准备稿：萨蒂尔与西勒尼。

② 一身］准备稿：一身，质言之——既作为人又作为神灵的阿尔基洛科斯。——编注

③ 根据上述认识，我们就……］准备稿第一稿：唯有从一种自以为以狄奥尼索斯方式陶醉了的合唱歌队的立场出来，才能解释舞台及其动作。只要这种合唱歌队是唯一的观众，舞台的幻景世界的观众，它就可能在一种真正意义上被命名为理想的观众：诚然，以这种说明，我们已经完全远离了施莱格尔对于“理想的观众”一词的解释。它是那个世界的真正生产者。因此也许就可以充分地界定合唱歌队了：它是由那些已经深入到一种异己存在和一种异己性格中的演员们组成的狄奥尼索斯式队伍。而且现在，从这种异己的存在而来，就产生出一个活生生的神像：以至于演员的原始过程——我们再一次体验到悲剧从音乐中的诞生。——编注

思念着他刚刚去世的妻子阿尔刻斯提斯，整个就在对亡妻的精神观照中折磨自己[①]——突然间，一个身材和步态都相像的蒙面女
64 子被带到他面前：让我们来想想他那突然的战栗不安，他那飞快的打量比较，他那本能的确信——于是我们就有了一种类似的感觉，类似于有着狄奥尼索斯式兴奋的观众看见神灵走上舞台时的感觉，而观众这时已经与神灵的苦难合而为一了。观众不由自主地把整个在自己心灵面前神奇地战栗的神灵形象转移到那个戴面具的角色上，仿佛把后者的实在性消解在一种幽灵般的非现实性中了。此即阿波罗的梦境，在其中，白昼的世界蒙上了面纱，一个新世界，比白昼世界更清晰、更明了、更感人、但又更像阴影的新世界，在持续的交替变化中，全新地在我们眼前诞生了。据此，我们就在悲剧中看到了一种根本的风格对立：一方面在狄奥尼索斯的合唱歌队抒情诗中，另一方面是在阿波罗的舞台梦境中，语言、色彩、话语的灵活和力度，作为两个相互间完全分离的表达领域而表现出来。狄奥尼索斯在阿波罗现象中客观化；而阿波罗现象再也不像合唱歌队的音乐那样，是“一片永恒的大海，一种变幻的编织，一种灼热的生命”[②]，再也不是那种仅仅被感受、而没有被浓缩为形象的力量，那种能够使热情洋溢的狄奥尼索斯的奴仆觉察到神灵之临近的力量；现在，从舞台角度说，对他说话的是史诗形象塑造的清晰性和确定性，现在，狄奥尼索斯不再通过力量说话，而是

① 据希腊神话，费拉王阿德墨托斯（Admet）寿命不长，其妻阿尔刻斯提斯（Alcestis）愿意代他去死以延夫君寿命。后来赫拉克勒斯在地狱门口夺回了阿尔刻斯提斯，送还给阿德墨托斯。欧里庇得斯曾把这个神话写成戏剧。——译注

② 一片永恒的大海……］参看歌德：《浮士德》，第505—507行。——编注

作为史诗英雄，差不多以荷马的语言来说话了。

九

在希腊悲剧的阿波罗部分、也即在对话中浮现出来的一切，看起来是简单的、透明的、美丽的。在此意义上讲，对话是希腊人的映象——希腊人的本性是在舞蹈中彰显出来的，因为在舞蹈中最大的力量只是潜在的，但在灵活而多彩的动作中得以透露出来。所以，索福克勒斯的英雄的语言以其阿波罗式的确定和明静特性 65
而让我们大为惊喜，以至于我们立刻就以为洞见到了他们的本质的最内在根基，带着几分惊讶，惊讶于通向这个根基的道路是如此之短。然而，如果我们先撇开那浮现出来、变得清晰可见的英雄性格——根本上，后者无非是投在一堵暗墙上的影像，也即完完全全是现象——，而倒是深入到投射在这些明亮镜像上面的神话，那么，我们就会突然体验到一种与熟悉的视觉现象相反的现象。当我们竭力注视太阳时感到刺眼而转过头去，我们眼前就会出现暗色的斑点，仿佛是用来治眼睛的药物；相反，索福克勒斯的英雄那种明亮的影像显现，简言之，面具中的阿波罗因素，却是一种对自然之内核和恐怖的洞察的必然产物，仿佛是用来治疗被恐怖黑夜损害的视力的闪亮斑点。唯有在这个意义上，我们才能相信自己正确地把握了“希腊的明朗”这个严肃而重要的概念；而无疑地，在当代的所有地方，我们都能在安全的惬意状态中见到关于这种明朗的被误解了的概念。

希腊舞台上最悲惨的形象，不幸的**俄狄浦斯**，被索福克勒斯理解为高贵的人，他纵然智慧过人却注定要犯错受难，不过到最后，由于他承受的巨大痛苦，他对周遭施展了一种神秘的、大有裨益的力量，这种力量甚至在他亡故后依然起着作用。高贵的人不会犯罪，这位深沉的诗人想告诉我们：通过他的行为，一切法律，一切自然秩序，甚至道德世界，都可能归于毁灭，恰恰是通过这种行为，一个更高的神秘的作用范围产生了，就是那些在被推翻了的旧世界废墟上建立一个新世界的作用。这就是这位诗人想告诉我们的东
66 西，只要他同时也是一位宗教思想家[1]：作为诗人，他首先向我们展示了一个神奇地纠结的讼案之结，法官慢慢地一节又一节解开了这个结，也导致了自己的毁灭；对于这种辩证的解决，真正希腊式的快乐是如此之大，以至于有一种优越的明朗之气贯穿了整部作品，往往打掉了那个讼案的可怕前提的锋芒。在《俄狄浦斯在科罗诺斯》[2]中，我们发现这同一种明朗，但它被提升到一种无限的美化之中了；这位老人遭受了极度苦难，他纯粹作为**受苦者**经受他所遭受的一切，而与之相对的是一种超凡的明朗，它从神界降落下来，暗示我们这个[3]英雄以其纯粹被动的行为而达到了至高的、远远超越其生命的主动性，而他早先生命中有意识的努力和追求，却只是把他带向了被动性。于是，那个在凡人眼里纠缠不清的俄狄浦斯故事的讼案之结就慢慢解开了——而且，在辩证法的这种神性对立面那里，人类最深刻的快乐向我们袭来。如若我们这种解释正确地对待了诗人，那么，我们就总还可以来追问一下，由此

---

① 同时也是一位宗教思想家］誊清稿：哲学家。——编注

② 索福克勒斯的悲剧作品。——译注

③ 这个］1872 年第一版：这个悲伤的。——编注

是不是已经穷尽了神话内容：这里显而易见，诗人的整个见解无非是那个幻象，那是在我们一瞥深渊之后，具有疗救力量的自然端到我们面前的幻象。俄狄浦斯是杀害自己父亲的凶手，是他母亲的丈夫，俄狄浦斯又是斯芬克司之谜的破解者！这样一种命运的神秘三重性向我们道说了什么呢？有一个古老的、特别在波斯流传的民间信仰，说智慧的巫师只能产自乱伦——鉴于解谜和娶母的俄狄浦斯，我们马上可以对此作出如下阐释：只要有某些预言性的神奇力量打破了当前和将来的界限、僵固的个体化原则，根本上也就是打破了自然的真正魔力，在这种地方，就必定有一种巨大的反 67
自然现象——例如前面讲的乱伦——作为原因而先行发生了；因为，要不是通过成功地抗拒自然，也即通过非自然因素，人们又怎么能迫使自然交出自己的秘密呢？我看到，这种认识就体现在俄狄浦斯命运那可怕的三重性中：破解自然之谜（那二重性的斯芬克司）的同一个人，必须作为弑父者和娶母者来打破最神圣的自然秩序。的确，这个神话似乎要悄悄地跟我们说：智慧，尤其是狄奥尼索斯的智慧，乃是一种反自然的可怖之事，谁若通过自己的知识把自然投入到毁灭的深渊之中，他自己也就必须经历自然的解体。"智慧的锋芒转而刺向智者：智慧乃是一种对自然的犯罪"——这个神话向我们喊出了此等骇人的原理；然而，这位希腊诗人却像一缕阳光，去触摸这个神话的崇高而又可怕的门农[①]之柱，使后者突然发出音响——用索福克勒斯的旋律！

① 门农(Memnon)：荷马史诗《奥德赛》中最美的男子，特洛伊战争中的英雄，后为阿卡琉斯所杀。——译注

现在，与被动性之光荣相对照，我要提出照耀着埃斯库罗斯的**普罗米修斯**的主动性之光荣。在这里，思想家埃斯库罗斯要告诉我们的，却是他作为诗人只能通过其比喻式的形象让我们猜度的东西[①]；这个东西，青年歌德已经懂得用自己的普罗米修斯的豪言壮语向我们揭示出来了：[②]

我坐在这里，照着我的形象
塑造人，
一个与我相像的种类，
受苦，哭泣，
享受，快乐，
而像我一样，
对你毫无敬意！[③]

人类把自己提升到泰坦的高度，为自己争得文化，并且迫使诸
68 神与他结盟，因为人类以其自身特有的智慧，掌握着诸神的实存和范限。上面这首普罗米修斯之诗，按其基本思想来看是对非虔敬的赞颂之歌，但这首诗中最美妙者，却是埃斯库罗斯对**正义**的深深追求：一方面是勇敢"个体"的无尽苦难，另一方面则是神性的困厄，实即对一种诸神黄昏的预感，这两个苦难世界的力量迫使双方和解，达到形而上学的统一性——所有这一切都极为强烈地让我

---

① 通过其比喻式的形象让我们猜度的东西] 誊清稿：隐瞒的东西。——编注

② 在这里，思想家埃斯库罗斯……] 誊清稿：其本能的预感为我们发现了普罗米修斯，另一方面也发现了荷马，其方式类似于席勒——作为第一个、到现在为止也是最后一个——对希腊悲剧合唱歌队的理解；参看歌德：《普罗米修斯》，第51—57行。——编注

③ 歌德未完成的诗剧《普罗米修斯》的一个片段。——译注

们想起埃斯库罗斯世界观的核心和原理，它把命运（Moira）看作超越诸神和人类而稳居宝座的永恒正义。埃斯库罗斯把奥林匹斯世界置于他的正义天平上，其胆略可谓惊人；有鉴于此，我们必须回想一下，深思熟虑的希腊人在其宗教秘仪中有一种牢不可破的形而上学思想之基础，而且可能对奥林匹斯诸神发泄其全部怀疑念头。特别是希腊的艺术家面对这些神祇依稀地感受到了一种相互依赖：而恰恰在埃斯库罗斯的《普罗米修斯》中，这种感觉得到了象征的表达。这位泰坦式的艺术家心中有一种固执的信仰，以为自己能够创造人类，至少能够消灭掉奥林匹斯诸神：这是要通过他那高等的智慧来完成的，而无疑地，他就不得不经受永恒的苦难而为这种智慧付出代价。这位伟大天才的美妙"能力"（即便以永恒的苦难为代价也是微不足道的），艺术家严峻的自豪——此乃埃斯库罗斯创作的内涵和灵魂，而索福克勒斯则在其《俄狄浦斯》中奏响了神圣者的胜利之歌的前奏曲。不过，即便埃斯库罗斯对此神话的解释也未能测出它那惊人的深度恐惧，而毋宁说，艺术家的生成快乐，那抗拒一切灾祸的艺术创造的喜悦，只不过是反映在黑暗的悲哀之湖面上的亮丽的蓝天白云。普罗米修斯的传说乃是整个 69
雅利安民族的原始财产，是一个证据，表明这个民族善于感受深沉而悲剧性的东西；其实不无可能的是，这个神话之于雅利安人，就如同原罪神话之于闪米特人一样，是具有独特的意义的，这两个神话之间有着某种类似于兄妹的亲缘关系。普罗米修斯神话的前提，乃是天真的人类给予火以一种过高的价值，把火当作每一种上升文化的真正守护神；然而，人类自由地支配火，人类获得火不光是靠苍天的馈赠，诸如燃烧的闪电或者温热的阳光，这一点在那些遐想的原始人看来乃是一种渎神，乃是一种神性自然的剥夺。而且这样一来，第一个哲学问题就立刻设置了一个令人痛苦的、不可解决的人与神之间的矛盾，把它像一块[1]岩石一般推到每一种文化的大门口。人类能分享的至善和至美的东西，人类先要通过一种渎神才能争得，然后又不得不自食其果，即是说，不得不承受那整个痛苦和忧伤的洪流，那是受冒犯的苍天神灵必须要用来打击力求上升而成就高贵的人类[2]的：一个严峻的思想，它赋予渎神以**尊严**，通过这种尊严与闪米特人的原罪神话奇特地区分开来；在闪米特人的原罪神话中，好奇、说谎欺骗、不堪诱惑、淫荡，质言之，一系列主要属于女性的恶习，被视为祸害之根源。而雅利安人的观念的突出标志，则在于那种崇高观点，它把**主动的罪恶**当作普罗米修斯的真正德性；同时，我们从中也就发现了悲观主义悲剧的伦理基础，那是对人类祸害的**辩护**，而且既是对人类之罪责的辩护，也是对由此产生的苦难的辩护。万物本质中的灾祸——这是遐想的
70 雅利安人不想加以抹煞的——世界核心中的矛盾，向雅利安人敞显为各种不同世界的交织，例如神界与人界的交织，每个世界作为个体都是合理的，但作为个别世界与另一个世界并存时，它势必要为自己的个体化经受苦难。当个人英勇地追求普遍，试图跨越个体化的界限，意愿成为这**一个**世界本质本身时，他自己就要忍受隐藏在万物中的原始矛盾，也就是说，他就要渎神和受苦了。所以，

① 一块] 1872 年第一版付印稿；1872 年第一版；1874/1878 年第二版付印稿；大八开本版；1874/1878 年版：一块［译按：仅有德文不定冠词阳性与中性之别，中文无法传达］。——编注

② 力求上升而成就高贵的人类] 誊清稿：可怜的受罚的人类。——编注

雅利安人把渎神理解为男性，而闪米特人则把罪恶理解为女性，正如原始的渎神是男人干的，而原罪是女人犯的。此外，女巫合唱歌队唱道：

女人走了几千步，
我们不要太较真；
不管女人多着忙，
男人一跃便赶上。[①]

谁若弄懂了那个普罗米修斯传说的最内在核心——亦即泰坦式奋斗的个体是势必要亵渎神明的——，他就必定同时也会感受到这种悲观主义观念中的非阿波罗因素；因为阿波罗恰恰是要在个体之间划出界限，并且总是再三要求他们有自知之明，掌握尺度，要他们记住这些界限是最神圣的世界规律，由此来安抚个体。但为了在这样一种阿波罗倾向中形式不至于僵化为埃及式的呆板和冷酷，为了在努力为个别的波浪确定轨道和范围时不至于使整个湖水变成了一潭死水，狄奥尼索斯的滔滔洪流偶尔又会摧毁掉所有那些小圆圈[②]，就是纯然阿波罗式的"意志"力求把希腊文化吸引入其中的那些小圆圈。于是，那骤然高涨的狄奥尼索斯洪流就担负起个体的各种小波浪，如同普罗米修斯的兄弟、泰坦巨神阿特拉斯[③]背负着大地一般。这种泰坦式的欲望，仿佛要成为所有 71
个人的阿特拉斯，用巨肩把他们扛得越来越高、越来越远——这种欲望乃是普罗米修斯因素与狄奥尼索斯因素的共性所在。从这个

① 参看歌德：《浮士德》第一部，第 3982—3985 行。——编注

② 圆圈］誊清稿：个〈体〉之圆圈。——编注

③ 阿特拉斯（Atlas）：希腊神话中的擎天神，属泰坦神族。——译注

方面看,埃斯库罗斯的普罗米修斯就是狄奥尼索斯的面具,而此前提到过的埃斯库罗斯对于正义的那种深刻追求,则透露出普罗米修斯在父系一脉上源自阿波罗,后者是个体化之神和正义界限之神,是明智者。所以,埃斯库罗斯的普罗米修斯的双重本质,即他兼具狄奥尼索斯本性和阿波罗本性,就可以[①]用抽象的公式来加以表达:"现存的一切既正义又不正义,在两种情况下都是同样合理的。"

这就是你的世界!这就是所谓的世界![②] ——[③]

十

有一个不容争辩的传说是,最古形态的希腊悲剧只以狄奥尼索斯的苦难为课题,在很长一段时间里唯一现成的舞台主角正是狄奥尼索斯。但我们可以同样确凿地断定,直到欧里庇得斯,狄奥尼索斯向来都是悲剧主角,希腊舞台上的所有著名角色,普罗米修斯、[④]俄狄浦斯,等等,都只是那个原始的主角狄奥尼索斯的面具而已。所有这些面具后面隐藏着一个神祇,这乃是唯一根本性的

---

① 可以] 1872年第一版付印稿:可以——使逻辑学家欧里庇得斯大感惊奇。——编注

② 歌德:《浮士德》第一部,第409行。——编注

③ 透露出普罗米修斯在父系……] 誊清稿:让人看出普罗米修斯在父系一脉上源自阿波罗。"正义的合理性在不正义中"——所以,埃斯库罗斯的普罗米修斯的双重本性,即他的狄奥尼索斯和阿波罗起源,也许就可以用抽象的公式来加以表达。——编注

④ 普罗米修斯,] 1872年第一版;1874/1878年第二版付印稿:普罗米修斯 [译按:此处仅少一个逗号]。——编注

原因，说明那些著名角色为何具有如此经常地让人赞叹的典型的“理想性”。我不知道有谁说过，所有个体作为个体都是滑稽的，因而是非悲剧性的[①]：由此或可得知，希腊人根本上是不可能容忍舞台上的个体的。希腊人看来确实有此种感受：说到底，柏拉图对于与“偶像”（Idol）、映象（Abbild）相对立的“理念”（Idee）所做的区分 72
和评价，是深深地植根于希腊人的本质之中的。而若用柏拉图的术语来说，我们或可这样来谈论希腊舞台的悲剧形象：这[②]一个真正实在的狄奥尼索斯以多种形象显现，戴着一个抗争英雄的面具，仿佛卷入个别意志之网中。以现在这个显现之神的言行方式，他就像一个迷误、抗争、受苦的个体；而且根本上，他以史诗般的明确和清晰显现出来，这要归于释梦者阿波罗的作用，阿波罗通过那种比喻性的显现向合唱歌队解释了他的狄奥尼索斯状态[③]。但实际上，这个英雄就是秘仪中受苦的狄奥尼索斯，是亲身经历个体化之苦的神；根据种种神奇的神话叙述，狄奥尼索斯年轻时曾被泰坦诸

---

① 我不知有谁说过，所有……］参看叔本华：《作为意志和表象的世界》第一篇，第 380 页（第 4 章第 58 节）；参看《不合时宜的考察》第三卷。——编注

② 悲剧形象：这］誊清稿：悲剧形象：这个理念，这个只有真正的实在性才具有、并且只在这种面具中才显现出来的理念，乃是秘仪中受苦的狄奥尼索斯，那个本身受个体〈化〉之折磨的英雄，后者同时也被叫做“野蛮者”和“野蛮的”神：这。——编注

③ 而且根本上，他以史诗般的……］据誊清稿：尽管这一点大体上适合于阿里斯托〈芬〉喜剧的狄奥尼索斯。也许悲剧的面具本身同时也带有某种东西，这种东西把悲剧的面具标志为阿波罗之显现。而且这样一来，我们或许就可按照柏拉图的术语，把悲剧的面具界定为两种理念的共同映象：由此我们就将达到那个问题，即一个显现者如何可能同时是两个理念的影像，现在这个显现者如何以及为何成了介于一种经验的现实与一种理想的、唯在柏拉图意义上实在的现实之间的中间物。这种关系之所以复杂，是因为阿波罗因素恰恰无非是显现本身的理念。——编注

神所肢解，然后在此状态中又被奉为查格琉斯[①]而广受崇敬——这就暗示出，这样一种解体，即真正狄奥尼索斯的**苦难**，宛若一种向气、水、土、火的转变，所以，我们就必须把个体化状态视为一切苦难的根源和始基，视为某种本身无耻下流的东西。从这个狄奥尼索斯的微笑中产生了奥林匹斯诸神，从他的眼泪中产生了人类。以这种作为被肢解之神的实存，狄奥尼索斯具有双重本性，他既是残暴野蛮的恶魔，又是温良仁慈的主宰。可是，秘仪信徒们却指望着狄奥尼索斯的再生，对于这种再生，我们现在必须充满预感地把它把握为个体化的终结：对于这个即将到来的第三个狄奥尼索斯，秘仪信徒们报以激荡的欢呼歌唱。而且，只是因为有了这种希望，被分解为个体的支离破碎的世界才焕发出一缕欢乐的容光——通过沉浸在永恒悲伤中的得墨忒耳[②]，神话形象地说明了这一点：当她听说她能再次把狄奥尼索斯生出来时，她第一次重启**笑容**。以
73 上述观点，我们已然有了一种深刻的、悲观主义的世界观的全部要素，同时也就理解了**悲剧的秘仪学说**：那就是关于万物统一的基本认识，把个体化当作祸患之始基的看法，艺术[③]作为那种要打破个体化之界限的快乐希望，以及作为对一种重建的统一性的预感。

上文早已指出，《荷马史诗》乃是奥林匹斯文化的诗作，这种文化用它来歌唱自己如何战胜了泰坦诸神之争的恐惧。现在，在悲剧诗作的强大影响之下，荷马神话得以重新诞生，而且这样一种灵

① 查格琉斯（Zagreus）：狄奥尼索斯的别名。希腊神话中主神宙斯的私生子，赫拉出于嫉妒命泰坦神族把他肢解了，后从某女神腹中再生，名为查格琉斯。——译注

② 得墨忒耳（Demeter）：希腊神话中的丰产、农林女神。——译注

③ 艺术］1872 年第一版：美与艺术。——编注

魂转生[①]也表明，甚至奥林匹斯文化此间也被一种更深刻的世界观战胜了。英勇的泰坦神普罗米修斯对其奥林匹斯的折磨者宣布，如若后者不及时与他结盟，其统治地位终将面临至高的危险。在埃斯库罗斯那里，我们看到惊恐的、害怕自己的末日的宙斯与这位泰坦神结成联盟。于是，早先的泰坦时代后来又脱离了塔尔塔罗斯[②]，得以重见天日。关于野蛮而赤裸的自然的哲学，带着毫无掩饰的真理表情来直观飞扬而过的荷马世界的神话：面对这位女神闪电般的目光，这些神话黯然失色，颤抖不已——直到狄奥尼索斯式艺术家的巨掌强迫它们为这位新的神祇效力。狄奥尼索斯的真理接管了整个神话领域，以之作为它的认识的象征，并且表达出这种认识——有时是在公开的悲剧祭礼中，有时是在隐秘的戏剧秘仪节日庆典中，但总是披着古老神秘的外衣。是何种力量把普罗米修斯从鹰爪中解放出来，把这个神话转变成表达狄奥尼索斯智慧的手段呢？那是音乐的赫拉克勒斯式的力量：这种音乐在悲剧中达到其至高的显现，善于用全新的极深刻的意义来解释神话； 74
这一点，我们先前已经把它刻画为音乐的至强能力了。因为任何神话的命运正在于，渐渐地潜入某个所谓历史现实的狭隘范围里，然后被后世某个时代处理为具有历史诉求的唯一事实；而且，希腊人早已完全做好了准备，敏锐而任意地对他们整个神话般的青春梦想作了重新烙印，使之成为一种实用史学的青春史。因为，这乃是宗教通常走向衰亡的方式：也就是说，当一种宗教的神话前提受

① 灵魂转生］准备稿：变形。——编注

② 塔尔塔罗斯(Tartarus)：希腊神话中的地狱之神，也是“地狱”的代名词。——译注

到一种正统教义的严肃而理智的监视，被系统化为历史事件的现成总和，当人们开始忧心忡忡地为神话的可信性辩护，却又反对神话任何自然的继续生存和繁衍，从而神话感渐趋消亡，取而代之的是宗教对于历史基础的要求，这时候，宗教便走向衰亡了[1]。现在，新生的狄奥尼索斯音乐天才抓住了这种垂死的神话：这神话在他手里再度欣欣向荣，展现出前所未有的亮丽色彩，带着一种馥郁的芬芳，激发出一种对形而上学世界的渴望和预感。而经过这一次回光返照之后，神话就委靡不振了，残叶凋零，古代擅长嘲讽的卢奇安[2]之流，马上就去追逐那些随风飘逝、枯萎失色的花瓣了。通过悲剧，神话获得了它最深刻的内容和最具表现力的形式；有如一个受伤的英雄，神话再度兴起了，它全部的剩余精力，连同垂死者充满智慧的宁静，在它眼里燃烧，发出最后的强烈光芒。

渎神的欧里庇得斯啊，当你企图迫使这个垂死者再度为你服役时，你意欲何为？这个垂死者死于你残暴的铁腕下：现在，你需
75 要一个仿冒的、伪装的神话，它就像赫拉克勒斯的猴子[3]一样，只还知道用古旧的奢华来装饰自己。而且，正如神话死于你手上，音乐天才同样也因你而死：即使你贪得无厌地想把所有音乐花园洗劫一空，你也只是把它变成了一种仿冒的、伪装的音乐。由于你抛

① 因为，这乃是宗教通常……］据准备稿：宗教通常就这样走向衰亡，无论哪个时代的艺术作品的最高贵形式就这样继续存在，成为一种陈旧的古董，或者成为一种昂贵的金属。——编注

② 卢奇安（Lucian，约 125—约 192 年）：又译琉善，古希腊散文作家、哲学家，无神论者。——译注

③ 赫拉克勒斯的猴子：一种对赫拉克勒斯的模仿。在古希腊，这是一个用来表示傲慢之人的贬义说法。——译注

弃了狄奥尼索斯，阿波罗也就离弃了你；把全部的热情统统赶出它们的营地吧，把它们吸引到你的领地里吧，为你的英雄的话语磨炼口舌，备下一种智者的辩证法吧——即便你的英雄只有仿冒的、伪装的热情，只能讲仿冒的、伪装的话语。[1]

十一

希腊[2]悲剧的毁灭不同于全部更古老的姊妹艺术种类：它是由于一种难以解决的冲突而死于自杀，所以是悲剧性的，而所有更古老的姊妹艺术种类则都尽享天年，都是极美丽和极安详地逐渐消失掉的。因为，如果说留下美好的后代、毫无痉挛地告别人生乃是合乎一种幸福的自然状态的，那么，那些更为古老的姊妹艺术种类的终结，就向我们表明了这样一种幸福的自然状态：它们慢慢地隐失，而且在它们弥留的目光前已然站着它们更美的子孙，后者正以勇敢的姿态急不可耐地昂起自己的头颅呢。与此相反，随着希腊悲剧的死亡，则出现了一种巨大的、往往深深地被感受到的空虚；就如同提庇留[3]时代的希腊船夫有一次在一座孤岛上听到令

---

① 话语。］准备稿：话语。阿门，欧里庇得斯！——编注

② 希腊］1872年第一版付印稿：［为了在上述一般的根本性的考察之后，让眼睛在一种更可靠的历史事例说明上平静下来，请允许我们在此进一步探讨一下希腊悲剧之死；我们假定，如果悲剧真的是从狄奥尼索斯元素和阿波罗元素的统一中诞生的，那么，悲剧之死也就必须根据这些原始力量的消解来解释：现在出现的问题是，能够把这些牢牢地相互缠绕在一起的原始力量消解掉的是何种强力？］希腊。——编注

③ 提庇留(Tiberius Claudius Nero，前42—37年)：罗马帝国第二位皇帝，以暴虐、好色著称。——译注

人震惊的呼叫："伟大的潘死了！"[1]——同样地，现在整个希腊世界都响起一种痛苦的哀叫声[2]："悲剧死了！诗歌本身也随之消失了！滚吧，你们这些瘦弱委靡的后代啊！滚到地狱里去吧，在那里你们尚可饱餐一顿昔日大师们的残羹剩菜！"

76 但这个时候，却有一种新的艺术繁荣起来了，它把悲剧奉为先驱和导师；人们当时惊恐地发觉，这种艺术固然带有她母亲的容貌特征，但却是这位母亲在长期的垂死挣扎中表现出来的容貌。**欧里庇得斯**所做的斗争就是悲剧的这种垂死挣扎；这种后起的艺术乃是众所周知的**阿提卡新喜剧**。在阿提卡新喜剧身上，残存着悲剧的蜕化形态，构成悲剧极其艰难和惨烈的消亡的纪念碑。

鉴于上述联系，我们就不难理解为什么新喜剧的诗人们对于欧里庇得斯抱有热烈的爱慕之情；以至于斐勒蒙[3]的愿望不再令人诧异了，此人想立即上吊自杀，只为能够去拜访阴间的欧里庇得斯——只要他竟然确信这位死者现在也还是有理智的。但如果我们不求详尽，而只想简明扼要地刻画出欧里庇得斯与米南德[4]和斐勒蒙的共同之处，以及十分兴奋地对他们起典范作用的东西，那么，我们只需说：欧里庇得斯把**观众**带上舞台了。如果你认识到欧

---

① 就如同提庇留时代……］参看普鲁塔克：《神谶非必应说》(De def. orac.)，17。——编注

② 整个希腊世界都响起……］誊清稿：每个胸腔都发出伤筋动骨的哀叫声。——编注

③ 斐勒蒙(Philemon，前368—前264年)：古希腊阿提卡新喜剧作家。——译注

④ 米南德(Menander，前342—前291年)：古希腊戏剧作家，阿提卡新喜剧的代表。——译注

里庇得斯之前普罗米修斯式的悲剧作家们是用什么材料塑造他们的主角的，根本没有把现实的忠实[①]面具搬到舞台上去的意图，那么，你也就弄清楚欧里庇得斯的完全背离的倾向了。通过欧里庇得斯，日常生活中的人从观众席冲上了舞台——这面[②]镜子先前只表达伟大勇敢的性格，现在则显露出那种极其严密的忠实，连自然的败笔也加以仔细再现。现在在新诗人笔下，奥德修斯，古代艺术中典型的希腊人，已沦为[③]小希腊人[④]形象了，从今往后，这种小希腊人就作为好心肠的、狡黠的家奴占据了戏剧趣味的中心。在阿里斯托芬的《蛙》[⑤]中，欧里庇得斯声称自己的功绩是通过家常 77
便药使悲剧艺术摆脱了富丽堂皇的臃肿病，这一点首先可以在他的悲剧主角身上得到感受。现在，观众们在欧里庇得斯的舞台上看到和听到的，根本上就是他们自己的影子，并且为这影子的能说会道而大感开心。但不只是开心而已，人们自己还可以向欧里庇得斯学习说话；在与埃斯库罗斯比赛时，欧里庇得斯就曾以此自夸：通过他，民众现在已经学会了用极机智的诡辩术巧妙地去观察、商讨和推论了。通过这样一种对公共语言的改变，他根本上就使新喜剧成为可能了。因为从现在起，如何以及用何种格言让日常事物登上舞台，已经不再是一个秘密了。欧里庇得斯把他全部

---

① 忠实〕誊清稿：僵死。——编注

② 舞台——这面〕誊清稿：舞台——而且柏拉图必定会轻蔑地感觉到，这里要认识的是映象之映象（Abbild des Abbildes），而不再是理念。这面。——编注

③ 希腊人，已沦为〕誊清稿：希腊人——亦即这个民族的典型男人，而不是伟大的个体——已沦为。——编注

④ 此处“小希腊人”原文为拉丁语 Graeculus。——译注

⑤ 参看第 937 行以下。——编注

的政治希望都建立在市民的平庸性上，现在，这种平庸性有了发言权，而在此之前，却是由悲剧中的半神、喜剧中醉醺醺的萨蒂尔或者半人[1]来决定语言特性的。而且这样一来，阿里斯托芬剧中的欧里庇得斯就竭力自夸，说他描绘了人人都能做出判断的普通的、熟知的、日常的生活和行动。如果说现在大众都能进行哲学思考了，[2]都能以闻所未闻的聪明管理土地和财产，开展诉讼，那么，这全是他的功劳，是他向民众灌输的智慧的成就。

现在，新喜剧就可以面向一个有这般准备和经过这番启蒙的大众了，而欧里庇得斯在某种程度上就成了这新喜剧的合唱歌队导师；只不过这一回，观众合唱歌队还必须接受训练。一旦这个合唱歌队训练有素了，能用欧里庇得斯的调子唱歌了，就兴起了那种[3]弈棋式的戏剧种类，就是以狡诈和诡计不断获胜的新喜剧。而欧里庇得斯——这位合唱歌队导师——就不断地受到
78 赞扬：真的，倘若人们不知道悲剧诗人们与悲剧一样已经死了，为了从他那里学习更多一点东西，人们就会自杀的。然而，随着悲剧之死，希腊人也放弃了对于不朽的信仰，不但不再信仰一个理想的过去，而且也不再信仰一个理想的将来了。那个著名的墓志铭[4]上的一句话“老者轻浮又古怪”也适用于老迈的希腊文化。瞬息欢娱、玩世不恭、漫不经心、喜怒无常，乃是当时最高的神灵；第五等级，即奴隶等级，现在要上台当权了——至少在观

① 半人］1872 年第一版：半神。——编注

② 进行哲学思考了，］1872 年第一版：进行哲学思考了，并且。——编注

③ 那种］1872 年第一版：这种。——编注

④ 墓志铭］参看歌德：《讽刺诗·墓志铭》，第 4 行。——编注

念上是这样：如若现在竟还谈得上“希腊的明朗”，那也是奴隶的明朗了；奴隶们不懂得承担什么重大责任，不知道追求什么伟大，眼里只重当下，而不懂尊重过去或者将来之物。正是这样一种“希腊的明朗”的假象，深深地激怒了基督教前四个世纪里那些深刻而可怕的人物：在他们看来，这种女性式的对严肃和恐怖的逃避，这种懦夫般的对安逸享乐的沾沾自喜，不仅是可鄙的，而且是真正敌基督的思想观念。而且，由于这种思想观念的影响，延续了几百年的关于古代希腊的观点，以几乎不可克服的坚韧性保持着那种[1]粉红的明快色彩——仿佛从来就不曾有过[2]公元前六世纪及其悲剧的诞生、及其秘仪、及其毕达哥拉斯[3]和赫拉克利特，仿佛压根儿就不曾有过这个伟大时代的艺术作品；诚然，对于这些各自独立的艺术作品，我们根本不能根据这样一种老迈的、奴性的此在乐趣和明朗来加以说明，它们指示着一种完全不同的世界观，以此作为自己的实存根据。

上文我们断言，欧里庇得斯把观众带上舞台了，从而同时就让观众真正有能力对戏剧作出判断了。如此便产生出一种假象，仿佛更古老的悲剧艺术并没有摆脱与观众的不当关系；而且，人们就 79
会努力去赞扬欧里庇得斯的激进意图，把他要获得艺术作品与观众之间的相应关系的意图视为超越索福克勒斯的一大进步。然而，所谓“观众”只不过是一个词而已，完全不具有相同的、本身固定的伟大意义。艺术家有何义务去适应一种只靠数量见长的力量

① 那种］誊清稿：那种讨厌的阴阜臭气和那种。——编注

② 不曾有过］1872 年第一版；1874/1878 年第二版付印稿：没有过。——编注

③ 毕达哥拉斯］1872 年第一版付印稿：恩培多克勒。——编注

呢？如果艺术家觉得自己在天赋和志向上都超过了每一个观众，那么，他何以在所有这些比他低等的全体观众的共同表达面前，比在相对而言极有[①]天赋的个别观众面前感受到更多的尊重呢？实际上，没有一个希腊艺术家像欧里庇得斯那样，在漫长的一生中都如此放肆而自满地对待他的观众：即使当群众对他五体投地时，他也以高傲的固执态度，公然抨击自己用以战胜群众的意图。倘若这位天才对于观众群魔有一丁点敬畏之心，那么，在失败的棒打下，他或许早在自己事业生涯的中途就崩溃了。由此考量，我们就会看到，我们所谓欧里庇得斯把观众带上舞台了，是为了使观众真正具有判断能力，这种说法只不过是一个权宜之计，我们必须寻求对他的意图做一种更深入的理解。相反地，众所周知的是，埃斯库罗斯和索福克勒斯在他们的有生之年——甚至在死后很长时间里——如何广受民众爱戴，而且因此，在欧里庇得斯的这些前辈那里，根本就谈不上一种在艺术作品与观众之间的不当关系。那么，是什么强大的力量驱使这位富有才气又不懈地创作的艺术家偏离正道，抛弃了隆隆诗名的普照阳光和民众爱戴的灿烂晴空相辉映
80 的美好前程呢？何种对于观众的特殊顾虑使他背弃观众呢？他怎么可能是因为过于尊重观众而蔑视观众呢？

上面我们端出了一个谜，其谜底在于：欧里庇得斯很可能觉得自己作为诗人要比群众高明，但并不比他的那两个观众高明；他把群众带上舞台了，而对于他的那两个观众，他却是敬重有加，视之为唯一有能力判断他的全部艺术的法官和大师——遵照那两个观

① 极有] 1872 年第一版：最有。——编注

众的指令和劝告，他把感受、激情和经验[①]的整个世界，也就是此前在观众席上作为看不见的合唱歌队在每一次节日演出时所感受到的一切，全盘转嫁到舞台主角的心灵中了。当他为这些新角色寻找新语言和新音调时，他便顺从那两个观众的要求，当他看到自己再次受观众法庭的谴责时，唯有在那两个观众的声音里面，他才听到了对自己的创作的有效判词，以及让人感到胜利在望的鼓舞。

那两个观众之一是欧里庇得斯本人，是作为思想家[②]的欧里庇得斯，而不是作为诗人的欧里庇得斯。我们可以说，欧里庇得斯异常丰富的批判才能——类似于莱辛——即便不说生产，至少也会持续不断地孕育一种附带的艺术创造冲动。以这样一种天赋，以其批判性思想的全部明晰和灵敏，欧里庇得斯坐在剧场里面，努力去重新认识他那些伟大先辈的杰作，有如观看一幅已经褪色的画作，一笔一笔、一条一条地加以重审。而且在这里，他碰到了那些获悉埃斯库罗斯悲剧之深度奥秘的人们[③]不会感到意外的东西：在每一笔和每一条线上，他看到了某种无法测度的东西，某种令人迷惑的确定性，同时也是一种神秘的深度，实即背景的无穷无尽。最清晰的形象也总是带着一个彗星尾巴，似乎暗示着不确定、弄不清楚的东西。这同一种朦胧暮色也笼 81
罩在戏剧结构上面，尤其是在合唱歌队的意义上。而且，伦理问

---

① 经验］1872年第一版：状态。——编注

② 思想家］誊清稿：批评家。——编注

③ 那些获悉埃斯库罗斯……］誊清稿：先行考察了戏剧中的狄奥尼索斯因素的我们。——编注

题的解答依然让他感到多么疑惑啊！神话的处理也是多么可疑啊！幸与不幸的分配是多么不均啊！即便在更古老悲剧的语言中，也有许多东西让他反感，至少令他感到神秘莫测；特别是他发现其中用了过多的堂皇辞藻来表达简单的关系，用了过多的比喻和惊人词章来表现朴素的性格。他就这样坐在剧场里，不安地冥思苦想，而且作为观众，他承认自己不能理解他那些伟大的先辈。然而，如果说在他看来理智是一切欣赏和创作的真正根源[①]，那么，他就不得不追问和寻思，是不是没有人与他想法一致，没有人与他一样承认那种不可测度性。但许多人，包括那些最优秀的个人，只是对他报以怀疑的微笑；而没有人能为他说明，为什么大师们面对他的疑虑和异议总是正确的。在这样一种极其痛苦的状态中，他找到了另一个观众，后者并不理解悲剧，因而也不重视悲剧。与这位观众结盟，欧里庇得斯就大胆地摆脱了孤独，开始向埃斯库罗斯和索福克勒斯的艺术作品发起一场惊人的斗争——不是用论战文章，而是作为戏剧诗人，用自己的悲剧观来反对传统的悲剧观。

十二

在指出另一个观众的名字之前，让我们在此稍作停留，重温一下我们上文描写过的埃斯库罗斯悲剧之本质中存在的分裂性和不

---

① 然而，如果说在他看来……］誊清稿：然而，如果说在他看来理智超越一切，是一切欣赏和创作的真正根源。——编注

可测度性的印象。让我们来想一想,我们自己面对悲剧合唱歌队和悲剧主角时的惊诧心情;这两者,我们不知道怎么把它们与我们的习惯以及传统协调起来——直到我们重新发现了作为希腊悲剧 82
之起源和本质的双重性本身,它是阿波罗与狄奥尼索斯这两个相互交织的艺术冲动的表达。

把那种原始的和万能的狄奥尼索斯元素从悲剧中剔除出去,并且纯粹地、全新地在非狄奥尼索斯的[①]艺术、道德和世界观基础上重建悲剧——这就是现在明明白白地向我们揭示出来的欧里庇得斯的意图。[②]

在晚年的一部神话剧里,欧里庇得斯本人竭力地向他的同代人提出了有关这种意图的价值和意义的问题。竟允许狄奥尼索斯因素存在吗?难道不应该强行把它从希腊的土壤里根除掉吗?那是当然啰,这位诗人告诉我们,只要有可能,就要把它根除掉:但酒神狄奥尼索斯太过强大了;像《酒神的伴侣》中的彭透斯[③]这样极顶聪明的敌手,也突然被他迷惑了,后来就在着魔状态中奔向自己的厄运。卡德摩斯和忒瑞西阿斯[④]这两位老者的判断,似乎也就是这位老诗人的判断了:最聪明个体的思索也推翻不了那些古老的民间传统,那种生生不息地蔓延的狄奥尼索

① 非狄奥尼索斯的] 据 1872 年第一版付印稿:阿波罗的。——编注

② 把那种原始的和万能的……] 1872 年第一版付印稿:疏排 [译按:加重点号]。——编注

③ 彭透斯(Pentheus):古希腊神话中的海神,底比斯国王,与酒神狄奥尼索斯为敌,后死于狄奥尼索斯信徒之手。——译注

④ 卡德摩斯(Kadmus):相传为古希腊底比斯城的创建者;忒瑞西阿斯(Tiresias):底比斯城的先知。——译注

斯崇拜；其实面对此种神奇的力量，恰当的做法是至少显示出一种外交式谨慎的关注——但即便这样，这位酒神仍有可能对如此不冷不热的参与生出[1]反感，最后把外交家变成[2]一条龙（就像这里的卡德摩斯）。这就是一位诗人告诉我们的，他以漫长的一生英勇地反抗狄奥尼索斯，最后却对自己的敌手大加赞美，以自杀来结束自己的生涯[3]，类似于一位头晕者从高塔上摔下来，只为逃避可怕的、再也无法忍受的眩晕。这部悲剧[4]就是对他的
83 意图之可行性的抗议；但是啊，他的意图已经得到了实行！[5] 惊人之事发生了：当这位诗人要收回自己的意图时，他的意图已经得胜了。狄奥尼索斯已经从悲剧舞台上被赶了下来，而且是被一种恶魔般的力量赶下来的——一种借欧里庇得斯之口说话的恶魔般的力量。连欧里庇得斯在某种意义上也只是面具：借他之口说话的神祇不是狄奥尼索斯，也不是阿波罗，而是一个完全新生的恶魔，名叫**苏格拉底**[6]。这是一种全新的对立：狄奥尼索斯与苏格拉底，而希腊悲剧艺术作品便因此对立而走向毁灭了。

---

① 生出］1872 年第一版：生出［译按：仅有动词形式差异］。——编注

② 变成］1872 年第一版：变成［译按：仅有动词形式差异］。——编注

③ 最后却对自己的敌手……］准备稿：最后他却投入敌对势力系在前面的长矛上，可以说由此为了敌手牺牲了自己。——编注

④ 指《酒神的伴侣》。——译注

⑤ 他的意图之可行性……］准备稿：他自己的意图：他自己可能在其中作为彭透斯而受酒神女祭司的折磨，并且以他自己褴褛的残余来赞美上帝的万能。于是，诗人就此收回自己的意图，靠的是他迄今为止用来反抗狄奥尼索斯的同一种令人惊恐的能量。——编注

⑥ 也不是阿波罗……］据准备稿：而是阿波罗，更准确地讲，是在老年又变成了小孩的阿波罗。——编注

现在[①],尽管欧里庇得斯力图通过自己的悔改来安慰我们,但他是不会成功的:壮丽无比的庙宇已成废墟了;破坏者的悲叹,破坏者承认那是所有庙宇中最美的一座,这对我们又有何用场呢?即便欧里庇得斯受到了惩罚,被所有时代的艺术法官转变成一条龙了——但这样一种可怜的补偿又能使谁满意呢?

现在,让我们进一步来考察一下那种苏格拉底意图,欧里庇得斯正是借此来反对和战胜埃斯库罗斯悲剧的。

我们现在必须问问自己:欧里庇得斯只想把戏剧建立在非狄奥尼索斯因素[②]的基础上,这样一种计划,就其实施的至高理想而言,究竟有着何种目标呢?倘若戏剧不是从音乐的母腹中、在狄奥尼索斯的那个神秘暮色中诞生出来的,那么,它还会有何种形式呢?只有戏剧化的史诗了:在这个阿波罗式的艺术领域里,悲剧的效果当然是达不到的。这里的关键不在于所描写的事件的内容;的确,我甚至想说,歌德在他所设计的《瑙西卡》[③]中不可能把那个

---

① 毁灭了。现在] 准备稿:毁灭了。如若人们能准确地经验某个事物是如何以及因何而毁灭的,那么,人们差不多也能经验到这个事物是如何形成的。因此,在讨论了悲剧和悲剧思想的诞生之后,就有必要也引入另一个富有教益的方面,以供比较之用,并且来追问一下,悲剧和悲剧思想是如何没落的。由此,我们同时也被引向了我们已经暗示过的那个任务,它还要求我们根据悲剧本身的形式,对狄奥尼索斯与阿波罗之双重本性作出阐释。因为,如果说狄奥尼索斯与阿波罗因素乃是悲剧艺术作品中决定形式的因素——以同样的方式,这一点最后为悲剧的面具所证明——,那么,悲剧之死就必须根据那两种原始力量的消解来加以解释。现在,问题就出现了:能够把这两种原始力量相互消解掉的是何种强力呢?我已经说过,这种强力就是苏格拉底主义。现在。——编注

② 非狄奥尼索斯因素] 1872 年第一版付印稿:阿波罗因素。——编注

③ 《瑙西卡》:诗人歌德的戏剧作品。瑙西卡(Nausikaa)是希腊神话中淮阿喀亚王的女儿,美如女神,与奥德修斯有一段未果的恋情。——译注

牧歌式人物的自杀——这是要在第五幕中完成的——弄得那么富有悲剧效果；史诗的阿波罗式表现力是如此超乎寻常，以至于它借助于对于假象的快感以及对于通过假象达到的解脱的快感，使最
84 恐怖的事物在我们眼前魔幻化。戏剧化史诗的诗人，就如同史诗流浪歌手一样，是不能与史诗形象完全融合起来的：他始终抱着不动声色的静观态度，从远处看着自己**面前**的形象。这种戏剧化史诗的演员从骨子里讲始终还是流浪歌手；内心梦幻的圣洁庄严落在他的所有表演上，以至于他从来都不是一个完全的演员①。

那么，欧里庇得斯戏剧对于阿波罗戏剧的理想又是怎样的关系呢？其关系就像那个年轻的流浪歌手之于古代庄严的流浪歌手②——在柏拉图的《伊翁篇》③中，那个年轻的流浪歌手对自己的本性做了如下描写："当我讲到某件悲哀之事时，我眼里充满泪水；而如果我讲的事恐怖而可怕，我便毛骨悚然，心惊肉跳了。"在这里，我们再也看不到那种对假象的史诗式沉迷，再也看不到真正的演员那种毫无冲动的冷静——真正的演员恰恰在其演艺的至高境界中完全成为假象和对于假象的快感了。欧里庇得斯就是那种心惊肉跳、毛骨悚然的演员；他作为苏格拉底式的思想家来制订计划，又作为热情的演员来实施计划。无论是在计划的制订还是在计划的实施中，他都不是纯粹的艺术家。所以，欧里庇得斯的戏剧

---

① 表演上，以至于他……] 准备稿：表演上。唯以此途径，我们才能接近和理解歌德的《伊菲格尼亚》[译按：《伊菲格尼亚在陶里斯》是歌德的一部戏剧作品]，对这部作品，我们必须把它当作至高的戏剧和史诗的诞生来加以敬重。——编注

② 那个年轻的流浪歌手……] 1872 年第一版：古代庄严的流浪歌手之于那个年轻的流浪歌手。——编注

③ 《伊翁篇》] 535b。——编注

是一个既冷又热的东西，既能把人冻僵又能让人燃烧；它不可能达到史诗的阿波罗式效果，而另一方面，它又尽可能地摆脱了狄奥尼索斯元素；现在，为了制造效果，他就需要新的刺激手段，那是再也不可能在两种艺术冲动中、亦即在阿波罗式艺术冲动和狄奥尼索斯式艺术冲动中找到的。这些新的刺激手段就是取代阿波罗式直观的冷静而悖论的**思想**，以及取代狄奥尼索斯式陶醉的火热**情绪**，而且是在高度真实地模仿的[1]、绝没有消失在艺术苍穹中的思想和情绪。

因此，既然我们已经知道了这么多，知道了欧里庇得斯根本 85
没有成功地把戏剧仅仅建立在阿波罗因素基础上面，而毋宁说，他的非狄奥尼索斯[2]意图是误入歧途了，成了一种自然主义的和非艺术的倾向，那么，现在我们就可以更进一步，来探讨一下**审美苏格拉底主义**的本质了；审美苏格拉底主义的最高原则差不多是："凡要成为美的，就必须是理智的"；这是可与苏格拉底的命题"唯知识者才有德性"[3]相提并论的。欧里庇得斯拿着这个准则来衡量所有细节，并且依照这个原则来校正它们：语言、人物、戏剧结构、合唱歌队音乐。在与索福克勒斯悲剧的比较中，往往被我们算到欧里庇得斯头上的诗歌的缺陷和倒退，多半是那种深入的批判过程、那种大胆的理智的产物。欧里庇得斯的**序幕**可为我们用作例证，来说明那种理性主义方法的成效。与我们的舞台技巧大相违背的，莫过于欧里庇得斯戏剧中的序幕

① 真实地模仿的] 1872 年第一版：真实的、忠于自然的。——编注

② 非狄奥尼索斯] 1872 年第一版付印稿：阿波罗。——编注

③ 通常被解为"知识即德性"。——译注

了。在一出戏的开始，总会有一个人物登台，告诉观众他是谁，前面的剧情如何，此前发生了什么事，甚至这出戏的进展中将发生什么事——现代戏剧作家或许会把这种做法称为不可饶恕的蓄意之举，是故意放弃了悬念效果。我们都知道了将要发生的一切事情，这时候，谁还愿意等待它们真的发生呢？——因为在这里，甚至决不会出现一个预言的梦与一种后来发生的现实之间令人激动的关系。欧里庇得斯作了完全异样的思考。悲剧的效果决不依靠史诗般的紧张悬念，决不依靠现在和以后将发生之事的诱人的不确定性；相反，倒是要靠那些雄辩又抒情的宏大场景，在这种场景里，主角的激情和雄辩犹如一股洪流掀起汹涌波涛。一切皆为激情所准备，而不是为了情节：凡是不能酝酿激
86 情的，都被视为卑下的。但最强烈地妨碍观众尽情享受地投入到这种场景中去的，是观众缺了一个环节，是剧情前因后果中留有一个缺口；只要观众依然不得不去算计这个或那个人物的含义，这种或那种倾向和意图冲突是以什么为前提的，他们就还不可能全神贯注于主角的痛苦和行为上面，还不可能紧张地与主角同甘苦共患难。埃斯库罗斯和索福克勒斯的悲剧运用了极聪明的艺术手段，带着几分偶然，在头几个场景里就把理解剧情所必需的所有那些线索交到观众手中了：这是一个能证明那种高贵的艺术家风范的特征，而此所谓艺术家风范仿佛掩盖了**必要的**形式因素，使之表现为偶然的东西。不过，欧里庇得斯总还自以为已经发现：观众在看头几个场景时处于特有的骚动不安当中，为的是把剧情的前因后果算计清楚，以至于他们丢失了诗意的美和展示部的激情。因此，欧里庇得斯就在展示部之前设置

了一个序幕，并且让一个人们可以信赖的角色来交代这个序幕：经常须有一位神祇，在一定程度上由该神祇来向观众担保悲剧的情节发展，消除人们对于神话之实在性的任何怀疑，其方式类似于笛卡尔，后者只能通过诉诸上帝的真诚性以及[①]上帝无能于撒谎这一点来证明经验世界的实在性。为了向观众确保他的主角的将来归宿，欧里庇得斯在他的戏剧结尾处又一次需要同一种神性的真诚性；这就是臭名昭著的 deux ex machina [解围之神][②]的任务了。介于这种史诗的预告与展望之间，才是戏剧抒情的当前呈现，即真正的“戏剧”。

所以，欧里庇得斯作为诗人首先[③]是他自己的自觉认识的回响；而且，正是这一点赋予他一种在希腊艺术史上十分值得纪念的地位。鉴于他那批判性和生产性的创作，欧里庇得斯必定经 87
常感觉到，他应该把阿那克萨哥拉著作的开头几句话运用于戏剧——阿氏曰：“泰初万物混沌；理智出现，才创造了秩序。”如果说阿那克萨哥拉以其“奴斯”(Nous)学说出现在哲学家中间，有如第一位清醒者出现在一群醉鬼中，那么，欧里庇得斯也可能以一种类似的形象来把握他与其他悲剧诗人的关系。只要万物唯一的安排者和统治者（即奴斯）依然被排斥在艺术创作之外，则

① 上帝的真诚性以及]] 1872 年第一版：神性的真诚性以及。——编注

② 此处 deux ex machina，字面义为“来自机器的神明”、“机械送神”，延伸为一种突然的、刻意发明的解决之道。希腊罗马戏剧中用舞台机关送下来一个神，来消除剧情冲突或者为主人公解围。——译注

③ 作为诗人首先] 1874/1878 年第二版付印稿；大八开本版；《苏格拉底与希腊悲剧》1871 年版。1872 年第一版付印稿；1872 年第一版；1874/1878 年第二版：首先作为诗人。——编注

万物就还处于在一种原始混沌中；欧里庇得斯必定做出如此判断，他也必定作为第一个“清醒者”来谴责那些“烂醉”诗人。索福克勒斯曾说，埃斯库罗斯做得对，尽管是无意而为的，这话当然不是在欧里庇得斯意义上来说的——欧氏顶多会承认：**因为**埃斯库罗斯是无意而为的，所以他做了错事。连神圣的柏拉图多半也只是以讽刺的口吻来谈论诗人的创造能力（只要这不是有意的观点），并且把诗人的能力与预言者和释梦者的天赋相提并论；按其说法，诗人在失去意识、丢掉理智之前，是没有创作能力的。[1] 就像柏拉图也曾做过的那样，欧里庇得斯着手向世界展示这种“非理智的”诗人的对立面；正如我前面讲过的，他的审美原则“凡要成为美的，就必须是被认知的”[2]，是可以与苏格拉底的命题“凡要成为善的，就必须是被认知的”[3]并举。据此，我们就可以把欧里庇得斯视为审美苏格拉底主义的诗人。但苏格拉底是那**第二个观众**，并不理解、因而并不重视旧悲剧的第二个观众；与苏格拉底结盟，欧里庇得斯就敢于成为一种新的艺术创作的先行者了。如果说旧悲剧是因这种新的艺术创作而归于毁灭的，那么，审美苏格拉底主义就是杀人的原则。但只要这场斗争
88 是针对旧悲剧中的狄奥尼索斯因素的，我们就可以把苏格拉底看作狄奥尼索斯的敌人，看作新的俄狄浦斯——他奋起反抗狄

---

① 连神圣的柏拉图多半……］参看柏拉图：《伊翁篇》533e-534d；《美诺篇》99c-d；《斐德若篇》244a-245a；《法律篇》719c。——编注

② 与上文表述略有差别，上文为：“凡要成为美的，就必须是理智的”。——译注

③ 与上文表述有别，上文为：“唯知识者才有德性”。——译注

奥尼索斯，虽然注定要被雅典法庭的酒神女祭司们撕碎，却迫使这位极其强大的神逃遁：就像当年，这位[①]酒神为了躲避厄多涅斯王吕枯耳戈[②]时[③]，逃到了大海深处，也就是逃到一种渐渐铺展到全世界的秘密崇拜的神秘洪流中了。

十三

苏格拉底与欧里庇得斯关系甚密，意趣相投，同时古人对此点也不无觉察；对于这种可喜的觉察能力的最动人表达，乃是那个在雅典广为流行的传说[④]，说苏格拉底经常帮助欧里庇得斯写诗。要列举当代的民众蛊惑者时，“美好古代”的拥护者们总是一口气说出这两个名字：由于受这两个人的影响[⑤]，古代马拉松式的、敦实有力的卓越身体和灵魂，随着身心力量的不断委靡，越来越成为一种可疑的启蒙的牺牲品。阿里斯托芬的喜剧就是以这种腔调，既愤怒又轻蔑地来谈论那两个人的，这一点使现代人感到恐惧，他们虽然乐意抛弃欧里庇得斯，但眼见阿里斯托芬竟把苏格拉底说成头号**诡辩家**，说成所有诡辩企图的镜子和典范时，他们可能会惊讶不已的——在这方面给他们的唯一安慰，就是公开谴责阿里斯

---

① 这位］1872年第一版；1874/1878年第二版付印稿：作为这位。——编注

② 吕枯耳戈］1872年第一版：吕枯耳戈斯。——编注

③ 吕枯耳戈（Lykurg）：古希腊特剌刻的厄多涅斯王，德律阿斯（Dryas）的儿子，相传为酒神狄奥尼索斯的敌人。——译注

④ 传说］参看《第欧根尼·拉尔修》，Ⅱ 5，2。——编注

⑤ 受这两个人的影响］1872年第一版：有赖于这两个人的影响。——编注

托芬本人，斥之为诗坛上招摇撞骗的阿尔西比阿德[1]。在这里，针对此类攻击，我并不想为阿里斯托芬的深刻直觉辩护，而倒是要继
89 续从古代的感受出发来证明苏格拉底与欧里庇得斯的紧密共属关系；在此意义上我们特别要记住的是，作为悲剧艺术的敌人，苏格拉底是不看悲剧的，只有在欧里庇得斯的新戏上演时才出现在剧场里。而众所周知，德尔斐的神谕却把这两个名字相提并论，把苏格拉底称为人间最智慧者，同时又判定欧里庇得斯在智慧比赛中应得第二名。

在这个排名中，索福克勒斯名列第三；与埃斯库罗斯相反，他可以自诩做了正确之事，而且这是因为他**知道**什么是正确的。显然，正是这种**知识**的神圣性程度，使上述三个人一起彰显为他们时代的三个“有识之士”。

但当苏格拉底发现他是唯一承认自己**一无所知**的人时，他关于这种新的对知识和见识的空前重视发表了极为尖刻的话；他以挑衅之势走遍雅典，造访那些大政治家、大演说家、大诗人和大艺术家，所到之处都见到知识的自负。苏格拉底不无惊奇地认识到，所有这些名流本身对自己的职业并没有正确可靠的识见，而只靠本能从事。“只靠本能”：以这个说法，我们触着了苏格拉底之意图的核心和焦点。苏格拉底主义正是以这个说法来谴责当时的艺术和当时的伦理的；他那审视的目光所及，只看到缺乏识见和幻想猖獗，然后从这种缺失当中推断出现存事物的内在颠倒和无耻下流。

---

[1] 阿尔西比阿德（Alcibiades，约前450—前404年）：一译“亚西比得”，希腊将军，政治家，苏格拉底的弟子，能言善辩。公元前420年任将军。后为斯巴达所杀。——译注

从这一点出发，苏格拉底就相信必须来匡正人生此在：他孑然一人，作为一种完全不同的文化、艺术和道德的先驱，带着轻蔑和优越的神情进入一个世界之中——而对于这个世界，我们倘若能以 90
敬畏之情抓住它的一个边角，就已然是莫大的幸事了。

这就是我们每次面对苏格拉底时都会出现的巨大疑难，正是这个疑难一而再、再而三地激励我们去认识这个最值得追问的古代现象的意义和目的。希腊的本质表现为荷马、品达和埃斯库罗斯，表现为斐狄亚斯[①]、伯里克利、皮提亚[②]和狄奥尼索斯，表现为至深的深渊和至高的高峰，那无疑是我们要惊叹和崇拜的——作为个体，谁胆敢否定这样一种希腊本质呢？何种恶魔般的力量胆敢凌辱这种迷人仙酒呢？是哪个半神，使得由人类最高贵者组成的精灵合唱歌队也不得不向他高呼："哀哉！哀哉！你已经用有力的拳头，摧毁了这美好的世界；它倒塌了，崩溃了！"[③]

那个被称为"苏格拉底魔力"的神奇现象，为我们了解苏格拉底之本质提供了一把钥匙。在特殊场合，苏格拉底那巨大的理智会沦于动摇状态，通过一种在这样的时刻发出来的神性声音，他便获得了一个坚固的依靠。这种声音到来时，往往具有**劝告作用**。这种直觉的智慧在这样一个完全反常的人物身上表现出来，只是为了偶尔**阻止**他那有意识的认识活动。在所有创造性的人那里，直觉恰恰是一种创造的和肯定的力量，意识表现为

① 斐狄亚斯（Phidias，约前 500—约前 438 年）：古希腊雕塑家，擅长神像雕刻。——译注

② 皮提亚（Pythia）：德尔斐神庙里的女祭司。——译注

③ "哀哉！哀哉！你……"］歌德：《浮士德》，第 1607—1611 行。——编注

批判性的和劝告性的，而在苏格拉底身上却不然，在他那里，直觉成了批判者，意识成了创造者——真是一个缺损畸胎(Monstrosität per defectum)啊！诚然，在这里我们感受到了任何一种神秘资质的巨大 defectus［缺陷］，以至于可以把苏拉格底称为特殊的**非神秘主义者**，在后者身上，逻辑的天性由于异期复孕[①]而过度发育，恰如在神秘主义者那里，那种直觉的智慧发育过度了。但另一方面，苏格拉底身上表现出来的那种逻辑本能
91 却失灵了，完全不能转向自身、直面自身；在这种无羁的湍流中，它显示出一种自然强力，只有在最伟大的直觉力量中，我们才能十分惊恐地发现这种自然强力。谁只要在柏拉图著作中领略到一丁点儿苏格拉底生活倾向中表露出来的那种神性的天真和稳靠，他也就会感觉到，逻辑的苏格拉底主义那巨大的本能之轮仿佛**在**苏格拉底**背后**转动，而要审视这个本能之轮的运动，我们必须通过苏格拉底，有如通过一个幽灵。不过，苏格拉底本人对此关系也已经有预感了，这一点表现在：无论在哪儿，甚至于在法官面前，他都要庄严地提出自己的神圣使命。在这一点上，要驳倒苏格拉底根本上是不可能的，正如我们不可能赞同他那消解本能直觉的影响一样。在这种难以解决的冲突中，当他一度被传到希腊国家法庭上时，就只有唯一的一种判决形式，即放逐；人们蛮可以把他当作某种完全莫名其妙的、无法归类的、不可解释的东西驱逐出境，后世无论如何都没理由来指责雅典人的可

① 异期复孕(Superfötation)：指孕妇体内已经怀有胎儿时又开始另一周期的排卵，第二次排出的卵子又恰好受精成了胚胎。——译注

耻行为了。然而，雅典人却判他死刑，而不只是放逐而已，仿佛是苏格拉底本人要实施这个判决，完全清醒而毫无对死亡的天然恐惧：苏格拉底从容赴死，有如他在会饮时的泰然心情——根据柏拉图的描写[①]，苏格拉底总是作为最后一个豪饮者，在黎明时分泰然自若地离开酒宴，去开始新的一天；而那时候，留在他身后的是那些沉睡在板凳和地面上的酒友，正在温柔梦乡中，梦见苏格拉底这个真正的好色之徒呢。赴死的苏格拉底成了高贵的希腊青年人前所未有的全新理想：尤其是柏拉图这个典型的希腊青年，以其狂热心灵的全部炽热献身精神，拜倒在这个偶像面前[②]。

十四 92

现在让我们来设想一下，当苏格拉底那一只巨人之眼，那从未燃起过艺术激情之优美癫狂的眼睛，转向悲剧时会是何种情形——让我们来设想一下，他的眼睛不可能愉快地观入狄奥尼索斯的深渊——那么，说到底，这眼睛必定会在柏拉图所谓"崇高而

① 柏拉图的描写］参看柏拉图：《会饮篇》223c-d。——编注

② 拜倒在这个偶像面前］准备稿：拜倒在这个偶像面前，其姿势让我们回想起在卢伊尼（Luini）伟大的《受难图》中神圣的约翰。尼采无疑在卢加诺（Lugano）（1871年春季）看到过贝尔纳迪诺·卢伊尼的这幅壁画。雅可比·布克哈特在其《向导》（Cicerone）［译按：此书全称为《向导——意大利艺术品临赏导论》］中写道："……终于在天使的圣玛利亚教堂（S. Maria degli angeli）看到这幅巨大的壁画《受难图》（1529年）了……尽管带着卢伊尼的种种缺陷，但这幅画作……已经因为某个人物的缘故而值得探访，这个人物就是正在向垂死的基督宣誓的约翰。"——编注

备受赞颂的”[①]悲剧艺术中看到什么呢？某种相当非理性的东西，似乎有因无果和有果无因的东西，而且整个是如此多彩和多样，以至于它必定与一种审慎的性情相抵触，而对于多愁善感的心灵来说却是一个危险的火种。我们知道苏格拉底唯一弄得懂的是何种诗歌艺术，那就是伊索寓言，而且肯定是带着那种微笑的适应和将就态度。在《蜜蜂和母鸡》这则寓言中，诚实善良的格勒特[②]就是以这种[③]态度赞颂诗歌的：

你看看我身上，诗歌有何用场，
对没有多少理智的人，
要用一个形象言说真理。[④]

但在苏格拉底看来，悲剧艺术甚至不能“言说真理”，姑且不说它面向的是“没有多少理智的人”，也即并不面向哲学家：我们有双重理由远离悲剧艺术[⑤]。与柏拉图一样，苏格拉底也把悲剧艺术看作谄媚的艺术，这种艺术只表现舒适惬意之物，而并不表现有用的东西，所以他要求自己的弟子们对此类非哲学的刺激保持节制和隔绝的态度；其成功之处在于，年轻的悲剧诗人柏拉图为了能够成为苏格拉底的弟子，首先焚烧了自己的诗稿。然而，当不可战胜

① “崇高而备受赞颂的”] 参看柏拉图：《高尔吉亚》，502b。——编注

② 格勒特(Christian Fürchtegott Gellert，1715—1769 年)：德国启蒙运动作家和诗人，著有戏剧、小说多种。——译注

③ 这种] 1872 年第一版：这个[译按：此处仅有指示代词之别，无关乎意义]。——编注

④ 你看看我身上……] 参看格勒特：《著作集》(Behrend)，第 1 卷，第 93 页。——编注

⑤ 艺术] 誊清稿：艺术，而且偶尔也要警告人们提防艺术。——编注

的天资起而反抗苏格拉底的准则时，它们的力量，连同那种惊人性 93
格的冲击力，始终还是十分强大的，足以迫使诗歌本身进入全新的、前所未知的地位中。

这方面的例子就是刚刚提到过的柏拉图：在对于悲剧和一般艺术的谴责方面，柏拉图无疑并不落后于他的老师所搞的天真的冷嘲热讽；但基于完整的艺术必要性，柏拉图却不得不创造出一种艺术形式，后者恰恰与他所拒斥的现成艺术形式有着内在的亲缘关系。柏拉图对旧艺术的主要责难——旧艺术是对假象（Scheinbild）的模仿，因而属于一个比经验世界还更低级的领域——首先并不是针对这种新艺术作品的，所以我们看到柏拉图力求超越现实，去表现作为那种假现实之基础的理念。但这样一来，思想家柏拉图却迂回地到达了这样一个地方，就是他作为诗人始终有在家之感的地方，以及让索福克勒斯和整个旧艺术庄严地抗议他的责难的地方。如果说悲剧汲取了全部先前的艺术种类，那么，在某种古怪的意义上，这个说法同样也适合于柏拉图的对话，后者是通过混合全部现存的风格和形式而产生的，它飘浮在叙事、抒情诗、戏剧之间，在散文与诗歌之间，因此也打破了统一语言形式这一严格的老规矩；犬儒学派的作家们在这条道上就走得更远了，他们有着极其斑杂多彩的风格，在散文形式与韵文形式之间摇摆不定，也达到了“疯狂的苏格拉底”这一文学形象，那是他们在生活中经常扮演的形象。柏拉图的对话可以说是一条小船，拯救了遇难的古代诗歌及其所有的子孙们：现在，它们挤在一个狭小的船舱里，惊恐
地服从苏格拉底这个舵手的指挥，驶入一个全新的世界里，沿途的 94
奇妙风光令这个世界百看不厌。柏拉图确实留给后世一种新艺术

形式的样板，即小说的样板：小说堪称无限提高了的伊索寓言，在其中诗歌与辩证哲学处于一种类似的秩序中，类似于后来多个世纪里这种辩证哲学与神学的关系，即作为 ancilla［奴婢］。此即诗歌的新地位，是柏拉图在魔鬼般的苏格拉底的压力下把诗歌逐入这个新地位中的。[1]

在这里，哲学思想的生长压倒了艺术，迫使艺术紧紧依附于辩证法的主干上。在逻辑公式中，阿波罗的倾向化成了蛹：正如我们在欧里庇得斯那里必能感受到某种相应的东西，此外必能感受到狄奥尼索斯元素向自然主义的[2]情绪的转化。[3] 苏格拉底，这位柏拉图戏剧中的辩证法主角，让我们想起了欧里庇得斯的主角的类似本性，后者必须通过理由和反驳来为自己的行为辩护，由此常常陷于丧失掉我们的悲剧同情的危险中：因为谁会认不清辩证法之本质中的乐观主义要素呢？——这个要素在每一个推论中欢庆自己的节日，而且唯有在冷静的清醒和意识中才能呼吸：这种乐观主义要素一旦进入悲剧之中，就必定渐渐地蔓延开来，使悲剧的狄奥尼索斯区域萎缩了，必然使悲剧走向自我毁灭——直到它跳进市民戏剧中而走向灭亡。我们只需来想想苏格拉底的原理的结论："德性即是知识；唯有出于无知才会犯罪；有德性者就是幸福者"；在这三种乐观主义的基本形式中，蕴含着悲剧的死亡。因为现在，

---

① 誊清稿接着有如下句子：我们还要拿第二个例子来看看，苏格拉底多么粗暴地对待了缪斯艺术。——编注

② 自然主义的］1872 年第一版：自然真实的。——编注

③ 在逻辑公式中……］誊清稿页边：作为阿波罗元素之残余、狄奥尼索斯元素之情绪的"倾向"。——编注

有德性的英雄必定是辩证法家，德性与知识、信仰与道德之间必定有一种必然的、可见的联合，现在，埃斯库罗斯的先验的正义解答， 95
沦落为"诗歌正义"[①]这一浅薄而狂妄的原则了，连同其通常的 deus ex machina［解围之神］。

现在，面对这一全新的苏格拉底乐观主义舞台世界，合唱歌队以及一般悲剧的整个音乐的和狄奥尼索斯的基础会如何显现出来呢？显现为某种偶然的东西，显现为某种——尽管完全可以忽略掉的——对悲剧之起源的回忆；然而，我们已经看到，合唱歌队只能被理解为悲剧和一般悲剧元素的原因。早在索福克勒斯那里，就已经显示出[②]那种有关合唱歌队的窘境——一个重要的标志是，在他那里，悲剧的狄奥尼索斯根基已经开始碎裂了。索福克勒斯再也不敢把获得戏剧效果的主要任务托付给合唱歌队了，而倒是限制了合唱歌队的范围，使之显得几乎与演员处于同等地位上，就仿佛把它从乐池提升到舞台上了：而这样一来，合唱歌队的本质当然就完全被毁掉了，尽管亚里士多德恰恰对于这种有关合唱歌队的观点表示赞同。对于合唱歌队地位的改变，索福克勒斯至少是用自己的实践来倡导的，据传甚至还写了一本著作来加以张扬；这是合唱歌队走向毁灭的第一步，而毁灭过程后面诸阶段，在欧里庇得斯、阿伽同[③]那里，以及在新喜剧中，以惊人的速度接

① "诗歌正义"（poetische Gerechtigkeit）：指文学作品中强调的罪与罚之间的因果联系。deus ex machina［解围之神］的作用之一就是要在悲剧结束时确保惩罚和报应。——译注

② 显示出］1872年第一版：开始。——编注

③ 阿伽同（Agathon，约前445—约前400年）：古希腊悲剧作家，名声仅次于三大悲剧诗人。——译注

踵而至。乐观主义的辩证法用它的三段论皮鞭把**音乐**从悲剧中驱逐出去了，也就是说，它摧毁了悲剧的本质——这种本质只能被解释为狄奥尼索斯状态的一种显示和形象化呈现，解释为音乐的明显象征，解释为一种狄奥尼索斯式陶醉的梦幻世界。[①]

可见，如果我们必须假定，甚至在苏格拉底之前就已经有一种反狄奥尼索斯的倾向，只是在苏格拉底身上这种倾向获得了一种空前出众的表达，那么，我们就不必害怕这样一个问题，即：像苏格拉底这样一个现象究竟指示着什么？面对柏拉图的对话，我们固
96 然不能把这一现象把握为一种仅仅消解性的否定力量。苏格拉底的欲望的直接效果无疑就在于狄奥尼索斯悲剧的瓦解，而苏格拉底深刻的生活经验本身却迫使我们追问：苏格拉底主义与艺术之间是否**必然地**只有一种对立的关系？一个"艺术苏格拉底"的诞生究竟是不是某种自相矛盾的东西？

因为对于艺术，这位专横的逻辑学家时而有一种缺失之感，一种空虚之感，感觉到自己得受部分责难，也许疏忽了某种责任。正如他在狱中对朋友们讲的那样，他经常做同一个梦，梦里说的总是同一个意思："苏格拉底，去搞音乐吧！"[②]直到他生命的最后日子，他都用这样的想法来安慰自己：他的哲学思考就是最高的缪斯艺术，他并不认为神灵会让他想起那种"粗鄙的、通俗的音乐"[③]。最

① 誊清稿接着有如下句子：[为了看透希腊悲剧的内在核心，我们有埃斯库罗斯：亚里士多德的艺术学说此外还能给我们什么呢？一些完全可疑的东西，它们已经太久地、无可救药地抵制了有关古代戏剧的深度考察：——]。——编注

② "苏格拉底，去搞音乐吧！"］柏拉图：《斐多篇》，60e。——编注

③ 粗鄙的、通俗的音乐］参看柏拉图：《斐多篇》，61a。——编注

后在狱中，为了完全问心无愧，他也勉强同意去搞他所轻视的那种音乐。怀着这种想法，他创作了一首阿波罗颂歌，并且把几篇伊索寓言改成诗体。驱使他做这些功课的，乃是某种类似于魔鬼告诫之声的东西[1]；那是他的阿波罗式观点：他就像一个野蛮族的国王，理解不了一个高贵的神的形象，而由于他毫无理解[2]，他就有亵渎神灵的危险。苏格拉底梦里的那句话乃是一个唯一的标志，表明他对于逻辑本性之界限的怀疑：他一定会问自己，也许我不能理解的东西也未必径直就是不可理解的东西吧？也许存在着一个智慧王国，逻辑学家被放逐在外了？也许艺术竟是科学的一个必要的相关项和补充呢？[3]

十五 97

有鉴于上述最后几个充满预感的问题，我们现在必须来说一说，苏格拉底的影响如何像在夕阳西下时变得越来越巨大的阴影，笼罩着后世，直至今日乃至于将来；这种影响如何一再地迫使**艺术**推陈出新——而且已经是形而上学上的、最广和最深意义上的艺术——，以及这种影响本身的无穷无尽又如何保证了艺术的无穷无尽。

---

① 某种类似于魔鬼……］誊清稿：并非那种魔鬼般的声音。——编注

② 毫无理解］1872 年第一版；1874/1878 年第二版付印稿：不能理解。——编注

③ 也许艺术竟是科学的……］誊清稿：一个类似的梦现象必定已经向年迈的欧里庇得斯指出被酒神女祭司撕碎的彭透斯。连他也向被冒犯的神祇献祭：只不过他不是把《伊索寓言》，而是把他的酒神巴克斯放到祭坛上了。——编注

在能够把这一点认识清楚之前，在令人信服地阐明所有艺术与希腊人（从荷马到苏格拉底[1]）的最内在的依赖关系之前，我们必须像雅典人对待苏格拉底那样，来了解一下这些希腊人。几乎每一个时代和每一个文明阶段都一度愤愤不平地力求摆脱希腊人，[2]因为在希腊人面前，后世一切自身的成就，看起来完全原创的和受到真诚赞赏的东西，似乎都突然失去了光彩和生气，萎缩成失败的复制品，甚至于漫画了。而且如此这般地，总是一再爆发出一种由衷的愤怒，就是对这个胆敢把一切非本土的东西永远称为“野蛮”的傲慢小民族的愤怒：人们要问，这些希腊人到底是谁？——尽管他们只具有短暂的历史光辉，只拥有局促得可笑的机制，只具有一种可疑的道德才能，甚至负有卑鄙恶习的丑名声，但他们竟在各民族当中要求享有人群[3]中的天才方能拥有的尊严和殊荣。可惜人们并没有如此幸运，找到能够把这样一种人直接干掉的毒酒：因为嫉妒、诽谤和愤怒所生产出来的全部毒汁都不足以毁掉那种自足的[4]庄严。所以在希腊人面前，人们自惭形秽，心生畏惧；除非人们重视真理超过一切，而且也敢于承认这种真理，

---

① 苏格拉底，］1872 年第一版；1874/1878 年第二版付印稿：苏格拉底［译按：此处仅有标点之变化］。——编注

② 力求摆脱希腊人］据誊清稿：力求摆脱希腊人，如同摆脱讨厌的马蜂。——编注

③ 人群］1872 年第一版付印稿：民众；誊清稿：人类。——编注

④ 嫉妒、诽谤和愤怒……］誊清稿：狡黠的嫉妒、恶意的诽谤、沸腾的愤怒所生产出来的全部毒汁都不足以毁掉那种微笑的、自足的、从深沉的眼睛里表露出来的庄严。——编注

即：希腊人作为驾驭者掌握着我们的文化，也掌握着每一种文 98
化，[①]但车马材料几乎总是过于寒碜，配不上驾驭者的光荣，而这些驾驭者就认为，驾着这等破车驶向深渊便是一个玩笑：他们自己以阿卡琉斯[②]的跳跃，越过了这个深渊。

为了表明苏格拉底也具有这样一种驾驭者地位的尊严[③]，我们只需认识到，他是一种前所未有的此在方式的典型，即**理论家**的典型；而洞察这种理论家典型的意义和目标，乃是我们[④]下一步的[⑤]任务。与艺术家一样，理论家也对现成事物有一种无限的满足感，并且也像艺术家那样，由于这种满足感而避免了悲观主义的实践伦理，及其只有在黑暗中才闪光的犀利目光[⑥]。因为在每一次真理的揭示过程中，艺术家总是以喜悦的目光停留在那个即便到现在、在揭示之后依然隐蔽的东西上，而理论家则享受和满足于被揭下来的外壳，以一种始终顺利的、通过自己的[⑦]力量就能成功的揭示过程为其至高的快乐目标。倘若科学只关心

---

① 所以在希腊人面前……］誊清稿：与此相反，我是如此真诚地宣告，希腊人作为驾驭者掌握着我们的文化，也掌握着每一种文化。——编注

② 阿卡琉斯］誊清稿：阿卡琉斯，而且带着一片彩虹之美。——编注

③ 也具有这样一种驾驭者地位的尊严］1872 年第一版：也具有这样一种驾驭地位。——编注

④ 目标，乃是我们］1872 年第一版；1874/1878 年第二版付印稿：目标，乃是。——编注

⑤ 下一步的］1872 年第一版：最后的。——编注

⑥ 此处“犀利目光”原文为 Lynkeusaugen，直译为“林扣斯之眼”。“林扣斯”(Lynkeus)为希腊神话中的人物，相传有最敏锐的视力，能看到阴间之物。——译注

⑦ 自己的(eigene)］1872 年第一版；1874/1878 年第二版付印稿：自己的(eigne)[译按：此处仅有德文写法上的不同]。——编注

那**一位**赤裸裸的女神而不关心其他任何东西，那就不会有科学了[①]。因为若是那样的话，科学的信徒们的心情一定会像那些想要径直凿穿地球的人们：当中每个人都明白，即便尽毕生的最大努力，他也只能挖出这无限深洞里的一小段，而第二个人的劳作又会在他眼前把他挖的这一小段填埋起来，以至于第三个人会觉得，自己要挖洞，最好是自己独当一面，选择一个新的挖掘点。如果[②]现在有人令人信服地证明，通过这个直接的途径是不能达到对跖点目标的，那么，谁还愿意在旧洞里继续挖掘呢？——除
99 非他这时不满足于找到宝石或者发现自然规律。因此，最诚实的理论家莱辛敢于大胆表白，说他关注真理的探索甚于关注真理本身[③]：这话揭示了科学的根本奥秘，使科学家们感到惊讶，甚至于大为恼火。莱辛这种个别的识见，如果不说狂妄自负，也是过于诚实了。当然，现在除了这种识见，还有一种首先在苏格拉底身上出世的妄想，那种无可动摇的信念，即坚信：以因果性为指导线索的思想能深入到最深的存在之深渊，而且思想不仅能够认识存在，而且竟也能够**修正**[④]存在。这种崇高的形而上学妄

---

① 倘若科学只关心……] 誊清稿：倘若只有对赤裸裸的伊西斯(Isis)的观照——[译按：伊西斯是埃及人对希腊神话中的狩猎女神黛安娜的称法]。——编注

② 选择一个新的挖掘点。如果] 准备稿：为自己挑选一个新的挖掘点。于是人们来想想，即便在两个世纪以后，这项工作都没有什么进步，即便到现在每个人都有权从头开始。如果。——编注

③ 最诚实的理论家莱辛……] 参看莱辛：《著作全集》，拉赫曼-穆恩克(Lachmann-Muncker)编，第13卷，第24页。——编注

④ 修正] 1872年第一版；1874/1878年第二版付印稿；1874/1878年第二版：corrigiren。1872年第一版付印稿；大八开本版：corrigieren[译按：此处仅有德文写法上的不同]。——编注

想被当作本能加给科学了，而且再三地把科学引向自己的界限，至此界限，科学就必定突变为**艺术**了：**真正说来，艺术**[1]**乃是这一机制所要达到的目的**。

让我们现在举着上面这种思想的火炬，来看看苏格拉底：他在我们看来是第一个不仅能凭借这种科学本能生活，而且——更有甚者——也能凭借这种科学本能赴死的人：因此，**赴死的苏格拉底**形象，作为通过知识和理由而消除了死亡畏惧的人，就成了科学大门上的徽章，提醒每个人牢记科学的使命，那就是使此在（Dasein）显现为可理解的、因而是合理的：诚然，如果理由不充分，那么为做到这一点，最后也就必须用到**神话**。刚刚我甚至把神话称为科学的必然结果，实即科学的意图。

谁一旦弄清楚，在苏格拉底这位科学的秘教启示者（Mystagoge）之后，各种哲学流派如何接踵而来，像波浪奔腾一般不断更替，一种料想不到的普遍求知欲如何在教养世界的最广大领域里，并且作为所有才智高超者的真正任务，把科学引向汪洋大海，从此 100
再也未能完全被驱除了，而由于这种普遍的求知欲，一张共同的思想之网如何笼罩了整个地球，甚至于带着对整个太阳系规律的展望；谁如果想起了这一切，连同惊人地崇高的当代知识金字塔，[2]那么，他就不得不把苏格拉底看作所谓的世界历史的一个转折点和旋涡。因为倘若人们来设想一下，为那种世界趋向所消耗的这整个无法估量的力量之总和并**不**是为认识效力的，而是用于个人

① 艺术］1872 年第一版；1872 年第一版付印稿：作为艺术。——编注

② 当代知识金字塔，］1872 年第一版；1874/1878 年第二版付印稿：当代知识金字塔［译按：此处只是少一个逗号］。——编注

和民族的实践目的、也即利己目的，那么，在普遍的毁灭性战斗和持续不断的民族迁徙中，本能的生活乐趣很可能大大被削弱了，以至于自杀成了习惯，个体或许会感受到最后残留的责任感，他就像斐济岛[1]上的居民，身为儿子弑父，身为友人杀友：一种实践的悲观主义，它本身可能出于同情而产生出一种有关民族谋杀的残忍伦理——顺便提一下，世界上凡是艺术没有以某种形式而出现、特别是作为宗教和科学而出现，用于治疗和抵御瘟疫的地方，往往就有这种悲观主义。

与这种实践的悲观主义相对照，苏格拉底乃是理论乐观主义者的原型，他本着上述对于事物本性的可探究性的信仰，赋予知识和认识一种万能妙药的力量，并且把谬误理解为邪恶本身。在苏格拉底类型的人看来，深入探究那些根据和理由，把真正的认识与假象和谬误区分开来，乃是最高贵的、甚至唯一真实的人类天职：恰如自苏格拉底以降，由概念、判断、推理组成的机制，被当作最高
101 的活动和一切能力之上最值得赞赏的天赋而受到重视。甚至最崇高的道德行为，同情、牺牲、英雄主义等情感，以及那种难以获得的心灵之宁静，即阿波罗式的希腊人所谓的“审慎”[2]，在苏格拉底及其直到当代的同道追随者看来，都是从知识辩证法中推导出来的，从而是可传授的。谁若亲自经验过一种苏格拉底式认识的快乐，体察到这种快乐如何以越来越扩大的范围，力图囊括整个现象世界，那么，从此以后，他能感受到的能够促使他此在的最强烈刺激，

---

① 斐济岛(Fidschi)：南太平洋岛国。——译注

② 此处“审慎”(Sophrosyne)为希腊文的拉丁写法。——译注

莫过于这样一种欲望，即要完成那种占领并且把不可穿透的知识之网牢牢地编织起来的欲望。对于有此种心情的人来说，柏拉图和苏格拉底就表现为一种全新的“希腊的明朗”和此在福乐形式的导师，这种全新的形式力求在行动中迸发出来，并且多半是为了最终产生天才、在对贵族子弟的助产式教育影响当中获得这样一种迸发。

但现在，科学受其强烈妄想的鼓舞，无可抑制地向其界限奔去，而到了这个界限，它那隐藏在逻辑本质中的乐观主义便破碎了。因为科学之圆的圆周线具有无限多个点，至今还根本看不到究竟怎样才能把这个圆周完全测量一遍；所以高贵而有天赋的人，还在他尚未达到生命中途之际，便无可避免地碰到这个圆周线的界限点，在那里凝视那弄不清楚的东西。如果他在这里惊恐地看到，逻辑如何在这种界限上盘绕着自己，终于咬住了自己的尾巴——于是一种新的认识形式破茧而出，那就是**悲剧的认识**，只为了能够为人所忍受，它就需要艺术来保护和救助。

如果我们用已经得到加强的、靠着希腊人而得到恢复的眼睛来观看围绕着我们的这个世界的最高领域，那么，我们就会发觉，102
在苏格拉底身上突出地表现出来的永不餍足的乐观主义求知欲，已经突变为悲剧性的听天由命和艺术需要了：诚然，这种求知欲在其低级阶段是与艺术为敌的，尤其是必定对狄奥尼索斯悲剧艺术深恶痛绝，苏格拉底主义对埃斯库罗斯悲剧的斗争就是这方面的例子。

现在，让我们怀着激动的心情来叩当代和未来的大门：上面讲的这种“突变”将导致天才的不断新生，确切地说，就是**搞音乐的苏**

格拉底的不断新生吗?[①] 这张笼罩此在的艺术之网,无论冠有宗教之名还是冠有科学之名,将越来越牢固和细密地得到编织呢,还是注定要在现在自命为"当代"的那个动荡不安的野蛮旋涡中被撕成碎片呢?[②] ——[③]我们心怀忧虑,但也不无慰藉,且静观片刻,作为沉思者来充当这种种惊心动魄的斗争和过渡的见证人。啊!这种斗争的魔力正在于:旁观者也必须投入战斗![④]

十六

通过上述历史事例,我们力图弄清楚,悲剧是如何因音乐精神的消失而毁灭的,此事确凿无疑,恰如悲剧是只能从音乐精神中诞生的。为了缓和这个断言的异乎寻常性,另一方面也为了指明我们这种认识的来源,现在我们必须以开放的视野来直面

---

① 如果我们用已经得到加强……] 据准备稿:如果我们用已经得到加强和恢复的眼睛来观看围绕着我们的这个世界——那么,我们就会发觉由苏格拉底开始的阿波罗科学与狄奥尼索斯秘教之间的斗争。何种艺术作品能让它们达成和解呢?谁是使这个过程结束的"搞音乐的苏格拉底"呢?——编注

② 这张笼罩此在的艺术之网……] 准备稿:是不是在一个新的艺术世界里将庆祝一个斗争者和解的节日,类似于在阿提卡悲剧中那两种冲动得到了和解?抑或现在自命为"当代"的那个动荡不安的野蛮旋涡将同样无情地压制"悲剧的认识"和"秘教"?——编注

③ 得到编织呢,还是注定要……] 准备稿的不同稿本:得到编织呢?[在此我只想指出,在纯粹地被把握的牺牲理想中,那种田园般的艺术是怎样达到其顶峰的] 抑或注定要最后毫无保护地在那种苏格拉底式的认识者贪欲的支配下被胡闹撕碎——尽管柏拉图会安慰我们,说他那个在《会饮篇》中的苏格拉底是纯粹的艺术家,以至于现在虽然不是——。——编注

④ 战斗!] 准备稿:战斗![而且因此,披上希腊人的甲胄,我们也就跃入战场,谁会怀疑,以何种标志——]。——编注

当代的类似现象；我们必须进入到那场斗争的中心地带，这场斗争，正如我刚刚说过的那样，就是在我们当代世界的至高领域里展开的永不餍足的乐观主义认识与悲剧性的艺术需要之间的斗 103
争。在这里，我愿意撇开所有其他敌对的冲动，它们在任何时代里都是反对艺术的，尤其是与悲剧为敌的，甚至在当代也满怀胜利信心地四处扩张，结果是，在戏剧艺术当中，举例说来就只有滑稽剧和芭蕾舞还稍有繁盛迹象[①]，开放出也许并非人人都能感到芬芳可人的花朵。我只想来谈谈悲剧世界观的**最显著的敌人**，我指的是首先以苏格拉底为鼻祖、从其最深的本质来讲属于乐观主义的科学。随后，我们也要指出那些势力，那些在我看来似乎能够保证**悲剧之再生**的势力——它们也许是德意志精神的另一种福乐和希望！

在我们投身于那场斗争之前，让我们先用前面已经获得的认识把自己武装起来。人们往往力求根据一个唯一的原理——作为任何艺术作品的必然的生命源泉——把艺术推导出来；跟所有这些人相对立，我则一直关注那两位希腊的艺术神祇，就是阿波罗和狄奥尼索斯，并且把他们看作**两个**就其至深的本质和至高的目标来说各个不同的艺术世界的生动而直观的表征。在我眼里，阿波罗乃是 principium individuationis［个体化原理］的具有美化作用的天才，唯有通过这个原理才可能真正地在假象中获得解救；而另

① 在欧洲，滑稽剧在奥地利剧作家约翰·内斯特里（Johann Nestroy，1801—1862 年）那里达到了一定的文学高度，芭蕾舞则是在 19 世纪发展成一个独立的艺术样式的。尼采在这里显然参照了理查德·瓦格纳在《贝多芬》一文（作于 1870 年）中关于芭蕾舞的评论。——译注

一方面，在狄奥尼索斯的神秘欢呼声中，这种个体化的魔力被打破了，那条通向存在之母[1]、通向万物最内在核心的道路得以豁然敞开了。这样一种巨大的对立，也就是在作为阿波罗艺术的造型艺术与作为狄奥尼索斯艺术的音乐之间出现的巨大对立，只有一位大思想家[2]已经把它看得清清楚楚了，以至于即便没有希腊诸神
104 象征的指导，他也能赋予音乐一种不同于所有其他艺术的特征和起源，因为与其他所有艺术不同，音乐不是现象的映象，而径直就是意志本身的映象，所以，音乐表现的是**世界中一切物理因素的形而上学性质**，是一切现象的物自体（叔本华：《作为意志和表象的世界》，第一篇，第310页[3]）。[4] 在一种较为严格的意义上讲，美学乃始于这种在全部美学中最为重要的美学认识。为了强调其永恒真理性，理查德・瓦格纳在这一美学认识上面留下了自己的烙印，他在《贝多芬》一文[5]中断定，音乐根本上是不能根据美的范畴来衡量的，而是要根据完全不同于造型艺术的美学原理来衡量的：尽管有一种错误的美学，它依据一种误入歧途、蜕化的艺术[6]，习惯于从那个适合于造型艺术的美的概念出发，要求音乐有一种类似于造型艺术作品的效果，也即要求音乐能激发出**对于美的形式的快**

---

① 参看歌德：《浮士德》第二部第一幕，第6173—6306行。——译注

② 指叔本华。——译注

③ 叔本华：《作为意志……》参看关于第28节，第11—12页［译按：可参看中译本，石冲白译，商务印书馆，1986年，第363—364页］。——编注

④ 下文在准备稿中：14［3］。——编注

⑤ 瓦格纳作于1870年的论著。——译注

⑥ 此处“蜕化的艺术”德语原文为 entartetet Kunst，或译“退化艺术”，该说法后来成了国家社会主义用来表示现代艺术的标准术语。——译注

感。认识到了那种巨大的对立之后，我感觉到一种强烈的必要性，要进一步探索希腊悲剧的本质，从而对希腊天才做最深刻的揭示：[①]因为唯到现在，我才相信自己掌握了魔法，能够超越我们通常美学的惯用术语，把悲剧的原始问题活生生地置于自己的心灵面前：这样一来，我就得以用一种十分独特的眼光去考察希腊精神了，以至于我难免会觉得，我们那些表现得十分倨傲的古典希腊学，直到现在为止基本上只知道欣赏[②]皮影戏和琐碎外表[③]。[④]

要探讨上面讲的原始问题，我们也许可以从如下问题开始：当阿波罗和狄奥尼索斯这两种本身分离的艺术力量一并发挥作用的时候，会产生何种审美效果呢？或者简言之，音乐之于形象和概念的关系如何？——恰恰在这一点上，理查德·瓦格纳赞扬叔本华 105
做了一种无人能比的清晰而透彻的阐述。在下面这段文字中，叔

① 揭示：] 1872 年第一版；1874/1878 年第二版付印稿：揭示；[译按：此处仅有标点之别]。——编注

② 欣赏] 1872 年第一版：供养。——编注

③ 琐碎外表] 誊清稿：充其量是欣赏美好的希望。——编注

④ 此后有一个注释见于某个散页：现在请特别［允许］让我迈出几个步子，而用不着由希腊诗学洞穴里的其他持火炬者（如亚里士多德）来陪伴我。人们终将停止就希腊诗学的更深问题反反复复地求教于亚里士多德：而说到底，关键只可能在于，从经验中、从自然中收集那些永恒而简单的、对希腊人来说同样有效的艺术创作规律。这种规律在每一个真实完整的艺术家身上可能得到更好、更见成效的研究，胜于根据那只密涅瓦的猫头鹰亚里士多德来做的研究。亚里士多德本身已然疏离伟大的艺术本能，而甚至他的老师柏拉图，至少在其成熟时期，也还是拥有这种伟大本能的。亚里士多德离诗歌原始形式那丰盛的形成期也太过遥远了，以至于他感受不到那个时代咄咄逼人的生成欲望。在此期间已经发育出那种近乎博学的模仿艺术家，在后者那里，艺术的原始现象再也不能纯粹地得到考察了。德谟克利特有着出色的亚里士多德式的观察趣味和清醒头脑，不过他生活在一个更为有利的时代里——关于此类诗学、占星术和神秘主义现象，这位思想家可能会对我们说些什么呢？——编注

本华对此做了极为详尽的论述,我们不妨把整个段落引在下面。《作为意志和表象的世界》第一篇,第 309 页[①]:“根据所有这一切,我们可以把显现的世界(或自然)与音乐看作同一事物的两种不同表达,这同一事物本身因此就是这两种表达得以类比的唯一中介,而为了解这一类比,就需要认识这一中介。因此,如果我们把音乐看作世界之表达,那么它就是最高级的普遍语言,甚至于这种语言之于概念的普遍性的关系,大致如同概念之于个别事物的关系。但它的普遍性决不是那种抽象的空洞普遍性,而是完全不同种类的普遍性,是与概无例外的、清晰的确定性相联系的。在这一点上,音乐就类似于几何图形和数字,后两者作为一切可能的经验客体的普遍形式,是 a priori [先天地] 可应用于[②]一切客体的,但却不是抽象的,而是直观的和彻底确定的。意志所有可能的追求、激动和外化,人类内心的所有那些过程和经历,被理性抛入‘情感’这个广大而消极的概念中的一切东西,是可以通过无限多的可能旋律表达出来的,然而总是以纯粹形式的普遍性,而不带有质料,总是仅仅按照物自体,而不是按照现象,仿佛是没有形体的现象的最内在灵魂。根据音乐对于万物之真正本质的这样一种内在关系,我们也可以说明下面这一点,即:当一种合适的音乐对某个场景、行动、事件和环境响起来的时候,这种音乐似乎向我们揭示了这些个场景、行动、事件和环境最隐秘的意义,表现为对后者的最正确和最清晰的注解;同样地,对于完全醉心于一部交响乐之印象的人

① 《作为意志和表象……] 参看关于第 28 节,第 11—12 页。——编注

② 于] 弗劳恩斯达特版;大八开本版。在 1872 年第一版;1874/1878 年第二版付印稿;1874/1878 年版中则为:也。——编注

来说，就仿佛他看到了生活和世界中的所有可能事件都在自己眼前一幕幕展开：然则当他细细寻思时，却又不能说明这乐曲与浮现在他眼前的事物之间到底有什么相似之处。因为正如前述，音乐 106
与所有其他艺术的区别就在于，音乐不是现象的映象，或者更正确地说，音乐并不是意志的适当客观化，而径直就是意志本身的映象，从而相对于世界上的一切物理因素，它是形而上学性质①，相对于一切现象，它是物自体。据此，我们或许可以把世界称为被形体化的音乐，同样地也可以把世界称为被形体化的意志。由此即可说明，为什么音乐能使现实生活和现实世界的每一个画面、实即每一个场景立即以高度的含义显露出来；诚然，音乐的旋律越是与给定现象的内在精神相类似，就越是能做到上面这一点。基于这一点，人们才能够为一首诗配上音乐，使之成为歌，为一种直观的表演配上音乐，使之成为哑剧，抑或为这两者配上音乐，使之成为歌剧。人类生活的此类个别图景被配上普遍的音乐语言之后，决不是一概必然地与音乐相结合或者相符合的；相反地，它们之于音乐的关系，只是某个任意的例子与某个普遍概念的关系而已：它们以现实的确定性来表现音乐以纯粹形式的普遍性来表达的那个东西。因为在某种程度上，旋律与普遍概念一样，都是现实的一种Abstractum［抽象］。现实，也就是个别事物的世界，既为概念的普遍性也为旋律的普遍性提供出直观的、特殊的和个体的东西，提供出个别的情形。而概念的普遍性与旋律的普遍性却是在某个方

① 此处译文未显明“物理因素”(das Physische)与“形而上学性质”(das Metaphysische)之间的字面联系。——译注

面相互对立的：概念仅只包含首先从直观中抽象出来的形式，仿佛是从事物身上剥下来的外壳，所以完全是真正的 Abstracta［抽象］[1]；与之相反，音乐则给出先于一切形态的最内在的核心，或者说事物的核心。对于这种关系，我们可以十分恰当地用经院哲学家的语言来加以表达，人们说：概念是 universalia post rem［后于事物的普遍性］，而音乐给出 universalia ante rem［先于事物的普遍性］，
107 现实则是 universalia in re［事物中的普遍性］。[2] 但一般而言，一首乐曲与一种直观表现之间的关系之所以可能，如前所述，是由于两者只不过是世界的同一个内在本质的完全不同的[3]表达。如若在个别情形下确实存在着这样一种关系，也就是说，作曲者懂得用音乐的普遍语言来表达构成某个事件之核心的意志冲动，那么，这时候，歌曲的旋律、歌剧的音乐就是富有表现力的。然而，由作曲家发现的这两者之间的类似性质，必定出自他对于自己的理性所不能意识到的世界之本质的直接认识，而不可能成为有意的、以概念为中介的模仿：不然的话，音乐就不能表达内在的本质，亦即意志本身，而只能不充分地模仿意志之现象；正如所有真

① 为拉丁语 Abstractum［抽象］的复数形式。——译注

② 此处三个欧洲中世纪经院哲学术语分别代表着当时唯名论与实在论之争的三种立场：一是唯名论的立场，认为普遍概念是从感觉经验中抽象出来的，此即 universalia post rem［后于事物的普遍性］；二是实在论的立场，认为普遍概念具有一种独立于或先于事物的实在性，此即 universalia ante rem［先于事物的普遍性］；第三种是调和的立场，认为概念的内容决定事物，但不能与个别事物的实存相分离，此即 universalia in re［事物中的普遍性］。——译注

③ 不同的（verschiedene）］1872 年第一版；1874/1878 年第二版付印稿：不同的（verschiedne）［译按：此处只有拼写差异］。——编注

正仿制性的音乐[①]所做的那样”。[②] ——

所以，根据叔本华的学说，我们把音乐径直理解为意志的语言，我们感到自己的想象受到了激发，要去塑造那个对我们言说的、不可见的、却又十分生动活泼的精神世界，并且用一个类似的实例把它体现出来。另一方面，在真正吻合的音乐的影响下，形象与概念便获得了一种提升了的意蕴。如是看来，狄奥尼索斯艺术通常就会对阿波罗艺术能力发挥两种作用：首先，音乐激发对狄奥尼索斯式的普遍性的比喻性直观，其次，音乐也使得这种比喻性形象以至高的意蕴显露出来。从这种本身明白可解、用不着深入考察便能通达的事实出发，我推断出一点：音乐具有诞生神话的能力，作为最重要的例证，就是能够诞生出悲剧神话——那是用比喻来言说狄奥尼索斯式认识的神话。借着抒情诗人现象，我曾经说过，在抒情诗人身上音乐如何竭力用阿波罗形象来表明自己的本 108
质：如果我们现在来设想一下，音乐在提升到最高境界时也必定力求达到一种最高的形象化，那么，我们就必须认为，音乐也有可能懂得为自己真正的狄奥尼索斯智慧找到象征的表达；而且，除了在悲剧中，一般而言就是在悲剧性(das Tragische)概念中，我们还能到别的地方寻找这种表达吗？

艺术通常是根据假象和美这个唯一的范畴而被把握的。从这种艺术的本质中，根本就不可能正当地推导出上面讲的悲剧性；唯

---

① 音乐］弗劳恩斯达特版；大八开本版。在1872年第一版付印稿；1872年第一版；1874/1878年第二版付印稿中则为：旋律。——编注

② 叔本华：《作为意志和表象的世界》，中译本，石冲白译，商务印书馆，1986年，第363—365页。——译注

有从音乐精神出发，我们才能理解一种因个体之毁灭而生的快乐。因为这样一种毁灭的个别事例，使我们明白的无非是狄奥尼索斯艺术的永恒现象，这种艺术表达了那种仿佛隐藏在 principio individuationis［个体化原理］背后的万能意志，表达了超越一切现象、无视一切毁灭的永恒生命。因悲剧性而起的形而上学快乐，乃是把本能无意识的[①]狄奥尼索斯智慧转换为形象语言：悲剧主角，那至高的意志现象，为着我们的快感而被否定掉了，因为他其实只是现象，他的毁灭并没有触动意志的永恒生命。“我们信仰永恒的生命”，悲剧如是呼叫；而音乐则是这种生命的直接理念。雕塑家的艺术有着一个完全不同的目标：在这里，阿波罗通过对**现象之永恒性**的闪亮赞美来克服个体之苦难，在这里，美战胜了生命固有的苦难，痛苦在某种意义上受骗上当，离失了自然的特征。而在狄奥尼索斯艺术及其悲剧性象征中，同一个自然以其真实的、毫无伪装的声音对我们说：“要像我一样！在永不停息的现象变化中，我是永远创造性的、永远驱使此在生命、永远满足于这种现象变化的始母！”

109

十七

狄奥尼索斯艺术同样也要使我们坚信此在的永恒快乐：只不过，我们不应该在现象中寻求这种快乐，而是要在现象背后来寻

---

① 本能无意识的］1872 年第一版；1874/1878 年第二版付印稿：本能－无意识的。——编注

求。我们应当认识到，一切产生出来的东西都必定要痛苦地没落，我们不得不深入观察个体实存的恐惧——而我们却不应因惊恐而发呆：一种形而上学的慰藉会让我们暂时挣脱变化形态的喧嚣。在短促的瞬间里，我们真的成了原始本质①本身，感受到它无法遏制的此在欲望和此在乐趣；现在我们以为，既然突入生命之中，并且相互冲突的此在形式过于繁多，既然世界意志有着丰沛的繁殖力，那么，斗争、折磨、现象之毁灭就是必需的了。在我们仿佛与不可估量的此在之原始快乐合为一体时，在我们预感到狄奥尼索斯式的狂喜中这样一种快乐的坚不可摧和永恒时，在这同一瞬间里，我们被这种折磨的狂怒锋芒刺穿了。尽管有恐惧和同情，我们仍然是幸福的生命体，不是作为个体，而是作为**一个**生命体——我们已经与它的生殖快乐融为一体了。

现在，希腊悲剧的起源史十分明确地告诉我们，希腊人的悲剧艺术作品确实是从音乐精神中诞生出来的：通过这个想法，我们以为首次公正地对待了合唱歌队那令人惊讶的原始意义。但同时，我们也必须承认，对于上面提出的悲剧神话的意蕴，希腊诗人们——更遑论希腊哲学家们了——从来都没有获得过抽象而清晰的认识；在一定程度上，他们的主角说的比做的更浅薄；在说出来的话中，神话完全没有得到适当的客观化。情景结构和直观形象 110
揭示了一种更深邃的智慧，一种比诗人本身用话语和概念所能把握的更深的智慧：我们在莎士比亚那里可以看到同样的情形，例如他的哈姆雷特，就在一种类似的意义上，是说的比做的更浅薄的，

① 此处“原始本质”原文为 Urwesen，英译本作 original essence。——译注

结果呢，就是我们不能从话语出发，而只能通过对全剧的深入直观和综观，来获知前面提到过的哈姆雷特教诲。至于希腊悲剧（当然我们遇见的只是书面剧本），我甚至已经指出，神话与话语之间的那种不一致可能会诱惑我们，让我们把希腊悲剧看得比它本来所是的更为平庸和更加无关紧要，并且据此也假定，希腊悲剧的效果是比古人所见证的更为浅薄的。因为，人们多么容易忘记，诗人用话语达不到的神话的至高精神化和理想性，却是他作为创造性的音乐家在任何时候都能够①做到的！诚然，我们差不多必须通过学术的道路去重建音乐效果的优势，方能对真正的悲剧所特有的那种无与伦比的慰藉有所感受。不过，即便是这种音乐的优势，也只有当我们成了希腊人时才能为我们所感受；而与我们所熟悉的无限丰富的音乐相比，在希腊音乐的整个发展过程中，我们以为听到的只不过是音乐天才以腼腆的力感唱出来的少年之歌。正如埃及的教士们所言，古希腊人乃是永远的孩童②，甚至在悲剧艺术方面也只是孩童而已，他们不知道他们手中产生了何种高贵的玩具——后来又在他们手上毁掉了。③

从抒情诗的开端一直到阿提卡悲剧，音乐精神那种力求形象揭示和神话揭示的斗争愈演愈烈，而刚刚达到丰盛的展开便戛然中断了，仿佛从希腊艺术的面相上消失了。不过，从这种斗争中产
111 生的狄奥尼索斯世界观，却在宗教秘仪中继续存活下来，虽有极惊

① 能够］1872年第一版；1874/1878年第二版付印稿：必须。——编注

② 正如埃及的教士们……］参看柏拉图：《蒂迈欧篇》，22b。——编注

③ 甚至在悲剧艺术方面……］据誊清稿：在此也就是悲剧艺术的音乐孩童，这种悲剧艺术在他们那里诞生出来，终要获得再生。——编注

人的变形和蜕化，仍然不停地吸引着严肃的人物。它是不是有朝一日会从其神秘深渊中重新作为艺术而升起来呢？[①]

在此我们关注的问题是：悲剧因某种势力的抵抗而破灭，这种势力是否在任何时候都足够强大，足以阻止悲剧和悲剧世界观在艺术上的重新生长呢？如果说古代悲剧是被追求知识和科学乐观主义的辩证冲动排挤出自己的轨道的，那么，我们从这一事实中或许就可以推断出，在理论的世界观与悲剧的世界观之间有一种永恒的斗争；而且，只有在科学精神已经推到了极限，其普遍有效性的要求通过对这个极限的证明而被消灭掉之后，我们方可指望悲剧的再生：作为这种文化形式的象征，我们或许必须在前面探讨过的意义上举出搞音乐的苏格拉底。在这样一种对照中，我们把科学精神理解为那种首先在苏格拉底身上显露出来的信仰，即对自然之可探究性的信仰和对知识之万能功效的信仰。[②]

谁若能回想起这种无休止地向前突进的科学精神的直接后果，就会立即想到，神话是怎样被这种科学精神消灭掉的，而由于这种消灭，诗歌又是怎样被逐出它那自然的、理想的家园，从此变成无家可归的了。如果我们有理由判定音乐具有重新从自身中诞生出神话的力量，那么，我们也必须在科学精神与这种创造神话的音乐力量敌对起来的轨道上来寻找科学精神。这种情况发生在新

① 它是不是有朝一日……] 据誊清稿：在德国音乐中，这种精神从其神秘深渊重新冒［?］出来，遂成艺术的诞生。在德国哲学中，这同一种精神找到了概念上的自我认识。——编注

② 这个苏格拉底科学乐观主义的信仰可以简为：自然是可知的，知识是万能的。——译注

的**阿提卡酒神颂歌**[①]的发展过程中，后者的音乐不再表达内在本
112 质，不再表达意志本身，而只是在一种以概念为中介的模仿中把现象不充分地再现出来——真正的音乐天才厌恶并且回避这种内部已经蜕化的音乐，就像他们厌恶那种扼杀艺术的苏格拉底倾向一样。当阿里斯托芬以同样的憎恨之情来概括苏格拉底本人、欧里庇得斯的悲剧与新酒神颂歌诗人的音乐，并且在所有这三个现象当中嗅到了一种堕落文化的标志时，他那确凿有力的直觉无疑是抓住了正确的东西。这种新酒神颂歌以一种亵渎的方式把音乐弄成现象的模拟性画像，例如一次战役、一场海上风暴的模拟画像，因此诚然是完全剥夺了音乐创造神话的力量。因为，如若音乐只是强迫我们去寻找某个生命和自然事件与音乐的某些旋律形态和独特声音之间的外在相似性，力图借此来激发我们的快感，如若我们的理智只能满足于对于此类相似性的认识，那么，我们就被下降到一种不可能孕育神话因素的情绪之中了；因为，神话只能被直观地感受为一种向无限凝视的普遍性和真理性的唯一例子。真正狄奥尼索斯的音乐乃作为世界意志的这样一面普遍镜子出现在我们面前：对我们的感觉来说，在这面镜子上折射的那个生动事件立即就扩展为某种永恒真理的映象。相反地，通过新酒神颂歌的音响图画，这样一个生动事件立即就被剥夺了任何神话特征；现在，音乐就成了现象的贫乏映象，因此要比现象本身贫困得多——由于这样一种贫乏，对我们的感受而言，音乐还把现象本身贬降了，以

① 酒神颂歌(Dithyrambus)：在古希腊酒神节祭祀仪式上演唱，尤在希腊阿提卡地区为盛。尼采视之为古希腊悲剧的起源。——译注

至于现在，举例说来，用这种音乐来模拟的战役无非是喧闹的进行曲、军号声等等之类，我们的想象恰恰就被固定在这等肤浅俗物上 113 了。因此，在所有方面，这种音响图画都是真正的音乐那种创造神话的力量的对立面：通过这种音响图画，现象变得比它本身更为贫乏，而通过狄奥尼索斯音乐，个别现象得到丰富，扩展为[①]世界图景了。在新酒神颂歌的发展过程中，非狄奥尼索斯精神使音乐疏离于自身，并且把音乐贬降为现象的奴隶——此乃非狄奥尼索斯精神的巨大胜利。正是基于这个原因，欧里庇得斯，一个必须在更高意义上被称为完全非音乐的人物，成了新酒神颂歌音乐的热烈拥护者，并且以一个强盗[②]的慷慨来挥霍这种音乐所有的效果和手段。

另一方面，如若我们把目光转向索福克勒斯以来悲剧中不断增加的**性格描写**和精美的心理刻画，我们就能看到这种反神话的非狄奥尼索斯精神在发挥作用。人物性格再也不能被扩大为永恒的典型了，相反，应当通过对次要特征和细微差别的艺术表现，通过一切线条的极精妙的确定性，使人物性格产生个体化的作用，从而使得观众竟再也感受不到神话，而倒是感受到强大的自然真理[③]和艺术家的模仿力。即便在这里，我们也发觉现象战胜了普遍性，以及那种对于具体的、可以说解剖标本的兴趣，我们已经呼吸到一种理论世界的空气，对于这个世界而言，科学认识高于艺术

---

① 个别现象得到丰富，扩展为］1872 年第一版；1874/1878 年第二版付印稿：现象得到丰富，扩展为个别的。——编注

② 强盗］1872 年第一版；1874/1878 年第二版付印稿：窃贼。——编注

③ 自然真理］1872 年第一版；1874/1878 年第二版付印稿：肖像真理。——编注

对某个世界法则的反映。这种偏重性格描写的倾向快速地推进：如果说索福克勒斯还在描绘全部的人物性格，为了人物性格获得精妙的展开而去驾驭神话，那么，欧里庇得斯就只还能描绘那些善于在激情暴发时表现出来的重大的、个别的性格特征了；而在阿提
114 卡新喜剧中，就只剩下**一种**表情的面具了，轻率的老人、受骗的皮条客、狡猾的奴隶，不厌其烦地反复出现。构成神话的音乐精神如今去了哪里？现在音乐中还残留下来的，要么是刺激的音乐，要么是回忆的音乐，也就是说，要么是刺激迟钝衰弱神经的兴奋剂，要么就是音响图画了。对于前者来说，所配的歌词差不多没什么要紧的了：欧里庇得斯的主角和合唱歌队刚开始唱歌，就已经相当放荡了；在欧里庇得斯那里就已如此，他那几个无耻的追随者还能把事情弄到何等田地呢？

然而，这种新的非狄奥尼索斯精神却在新戏剧的**结局**上表现得最为清晰。在旧悲剧中，结尾处总能让人感觉到一种形而上学的慰藉，若没有这种慰藉，对于悲剧的快感就根本无从解释；也许在《俄狄浦斯在科罗诺斯》中最纯粹地传来另一个世界的和解之声。现在，音乐天才已经从悲剧中逃之夭夭了，从严格意义上讲悲剧已经死了：我们现在应当从哪里吸取那种形而上学的慰藉呢？所以，人们便在尘世中寻求办法，来解决悲剧之不谐和；悲剧主角在饱受命运的折磨之后，终于在美满的姻缘、神性荣耀的见证中获得了应得的报偿。悲剧主角变成了斗士[①]，在他受尽折磨遍体鳞伤之后，人们偶尔也赐给他自由。Deux ex machina［解围之神］

① 此处“斗士”(Gladiator)原指古罗马的斗剑士。——译注

代替了形而上学的慰藉。我并不想说，悲剧世界观处处都完全被这种咄咄逼人的非狄奥尼索斯精神摧毁了；我们只知道，悲剧世界观不得不逃离艺术，仿佛潜入冥界之中，经历了一种向隐秘崇拜的蜕化。但在希腊本质表层的最广大领域里，非狄奥尼索斯精神那种消耗一切的气息大加肆虐，这种精神[1]以“希腊的明朗”为形式显示出来——对此形式，我们前面已有了讨论，我们说它是一种老迈而毫无生产能力的[2]此在乐趣；这种明朗乃是更古老的希腊人 115
那种庄丽的“朴素性”的对立面，按照我们给出的特性刻画，它应当被把握为一个幽暗的深渊里生长出来的阿波罗文化的花朵，希腊意志通过其美的反映而获得的对苦难和苦难之智慧的胜利。另一种形式“希腊的明朗”，即亚历山大[3]式的明朗，其最高贵的形式乃是**理论家**的明朗：它显示出我刚刚从非狄奥尼索斯精神中推导出来的那些特征和标志——它与狄奥尼索斯的智慧和艺术作斗争，它力求消解神话，它要取代形而上学的慰藉，代之以一种尘世的谐和、实即一种特有的 deux ex machina［解围之神］，也就是机械和熔炉之神，即为效力于更高的利己主义而被认识和应用的自然精灵之力量；它相信知识能够校正世界，科学能够指导生活，它也确实能够把个人吸引到可解决的任务的最狭小范围内——在此范围内，它明快地对生命说：“我要你啊：你是值得认识的。”

---

[1] 这种精神］1872 年第一版：作为这种真理。——编注

[2] 毫无生产能力的］据誊清稿：奴隶式的。——编注

[3] 亚历山大：指埃及的希腊城邦亚历山大，在公元前 3 世纪成为希腊世界的文化中心。尼采把亚历山大视为苏格拉底倾向的胜利，是与公元前 5 世纪以阿提卡悲剧为代表的雅典文化成就相对立的。——译注

十八

这是一个永恒的现象：贪婪的意志总是在寻找某种手段，通过一种笼罩万物的幻景使它的造物持守在生命中，并且迫使它们继续存活下去。有人受缚于苏格拉底的求知欲，以及那种以为通过知识可以救治永恒的此在创伤的妄想；也有人迷恋于在自己眼前飘动的诱人的艺术之美的面纱；又有人迷恋于那种形而上学的慰藉，认为在现象旋涡下面永恒的生命坚不可摧，长流不息——姑且
116 不说意志在任何时候都准备好了的那种更为普遍、几乎更为有力的幻景了。根本上，上面三种幻景等级只适合于品质高贵的人物，这等人物毕竟能以更深的不快和反感来感受此在的重负和艰难，并且不得不通过精选的兴奋剂来对自己隐瞒这种不快和反感。此类兴奋剂构成我们所谓的“文化”的全部成分：按照混合的比例，我们有一种主要是**苏格拉底的**或**艺术的**或**悲剧的**[1]文化；抑或，如果可以用历史的例证，那就有一种亚历山大的文化，或者一种希腊的文化，或者一种婆罗门的[2]文化[3]。

我们整个现代世界全盘陷于亚历山大文化之网中，被它奉为理想者，乃是具备最高认识能力、为科学效力的**理论家**，而苏格拉

---

① **苏格拉底的**或**艺术的**或**悲剧的**］据誊清稿：理论的或艺术的或形而上学的。——编注

② 婆罗门的］誊清稿；1872 年第一版付印稿；1872 年第一版；1874/1878 年第二版付印稿；1874/1878 年第二版。在大八开本版中则为：印度的（婆罗门的），页边标有“嗨！”（尼采亲笔？）。——编注

③ 婆罗门为古印度种姓制度中四大种姓之第一等级。——译注

底正是这种人物的原型和始祖。我们全部的教育手段原本仅只关心这样一个理想：其他一切实存形式都只能在一旁进行艰苦斗争，乃作为被允许的实存，而不是作为被预期的实存。长期以来，在一种近乎恐怖的意义上，人们只在学者形式中寻找有教养者；即便我们的诗歌艺术也必定是从博学的模仿中发展起来的，而且在韵律的主要效果方面，我们还认识到，我们的诗歌形式起于那种艺术试验，即对一种非乡土的、真正学究的语言的艺术试验。对于一个地道的希腊人来说，**浮士德**这个本身不难理解的现代文化人，必定会显得多么不可思议，这个永不满足地埋头钻研各门科学、由于求知的冲动而献身于魔术和魔鬼的浮士德，只要把他与苏格拉底作一番对照，我们就能认识到，现代人开始预感到这种苏格拉底式求知欲的界限，要求从浩瀚苍茫的知识大海回到岸上来[1]。歌德有一次谈到拿破仑时对爱克曼[2]说道："是的，我的朋友啊，也有一种行为的创造性呢。"[3]当歌德讲这番话时，他是以一种优雅而朴素的方式提醒我们：对于现代人来说，非理论人是某种可疑又可惊的东 117
西，以至于人们重又需要有歌德的智慧，才能够发现，这样一种令人诧异的实存方式也是可理解的，甚至是可原宥的。

现在，我们可不能回避这种苏格拉底[4]文化内部隐藏着的东西！那就是自以为永无限制的乐观主义！现在，如果说这种乐观

---

① 浮士德，只要把他与……］誊清稿：浮士德及其亚历山〈大〉文化？——编注

② 爱克曼（Eckermann，1792—1854 年）：德国诗人、散文家，歌德晚年的助手和挚友，参与编辑《歌德文集》。著有《歌德谈话录》等。——译注

③ 1828 年 3 月 11 日。——编注

④ 苏格拉底］据誊清稿：亚历山大。——编注

主义的果实成熟了，如果说社会完全彻底地受到这样一种文化的侵蚀，渐渐地在狂热和欲望的支配下颤抖，如果说对于尘世万民皆幸福的信仰，对于这样一种普遍知识文化之可能性的信仰，渐渐地转变为对这样一种亚历山大式的尘世幸福[①]的咄咄逼人的要求，转变为对欧里庇得斯的 deus ex machina［解围之神］的恳求，那么，我们可不要大惊小怪哦！我们应该注意到：亚历山大文化需要有一个奴隶阶层，方能持久生存下去：但由于这种文化持有乐观主义的此在观点，它便否定这个奴隶阶层的必要性，因此，一旦它关于"人的尊严"和"劳动光荣"之类美妙动人的诱惑话语和安慰说辞失去了效力，它就面临着一种骇人的毁灭。最可怕者莫过于一个野蛮的奴隶阶层，后者已经学会了把自己的生存视为一种不公和过失，准备不光要为自己、而且要为世世代代复仇。面对这等吓人的风暴，谁胆敢鼓起勇气，呼吁我们那苍白而疲乏的[②]宗教呢？我们的宗教本身已经在根基上蜕化为学者宗教了，以至于作为任何宗教的必要前提的神话，已经全方位瘫痪了[③]，而且即便在这个神话领域里，那种乐观主义精神也占了上风——我们上面刚刚把这种乐观主义精神称为我们社会的毁灭种子。

当潜伏于理论文化核心处的灾祸渐渐开始令现代人感到恐
118 惧，现代人不安地从自己的经验宝库里搜索逃避危险的手段，而他们自己其实都不太相信这些手段，因而开始预感自己的结果：这时候，有一些气度恢宏的伟大人物，以一种让人难以置信的审慎态

① 尘世幸福］据 1872 年第一版付印稿：奴隶幸福。——编注
② 疲乏的］1872 年第一版付印稿：变得毫无生气的。——编注
③ 瘫痪了］1872 年第一版付印稿：荒芜了。——编注

度，已经善于利用科学武器本身去阐明一般认识的界限和条件，从而断然否定科学的普遍有效性要求和普遍目的性要求。借着这种证明，人们首次认识到，那种自以为借助于因果性就能够深入探究事物的最内在本质的看法，只不过是一种幻想而已。康德和叔本华的巨大勇气和智慧获得了最艰难的胜利，那就是战胜了隐藏在逻辑之本质中的、构成我们文化之根基的乐观主义。如果说这种乐观主义依靠它毫不怀疑的 aeternae veritates［永恒真理］，相信一切世界之谜都是可认识的和可探究的，并且把空间、时间、因果性当作完全无条件的普遍有效性规律，那么，康德则向我们揭示，所有这些范畴的真正用途，只不过是把单纯的现象，即摩耶之作品，提升为唯一的和最高的实在性[①]，以此来取代事物最内在的和真实的本质，而且由此使关于事物的真正认识变得不可能了，用叔本华的一个说法，那就是让做梦者睡得更死了(《作为意志和表象的世界》，第一篇，第 498 页)[②]。这种认识开创了一种文化，我斗胆称之为悲剧[③]文化：其最重要的标志就在于，用智慧取代作为最高目标的科学，不受科学种种诱惑的欺骗，用冷静的目光转向世界总体图像，力图以同情的爱心把其中的永恒痛苦当作自己的痛苦来把握。让我们来想象一下正在茁壮成长的一代人，他们有着这样一种无所惧怕的目光，他们有着这样一种直面凶险的英雄气概；让我们来想象一下这些屠龙勇士的刚毅步伐，他们壮志凌云，毅然

---

① 实在性］1872 年第一版付印稿：因果性。——编注

② 参看本卷第 1 节，第 28 页第 11—12 行。——编注

③ 悲剧］1872 年第一版付印稿：佛教。——编注

抗拒那种乐观主义的所有虚弱教条，力求完完全全“果敢地生活”[1]——那么，这种文化的悲剧人物，在进行自我教育以培养严肃和畏惧精神时，岂非必定要渴求一种全新的艺术，一种具有形而上学慰藉的艺术，把悲剧当作他自己的海伦来渴求吗？他岂非必
119 定要跟浮士德一道高呼：

而我岂能不以无比渴慕的强力，

让那无与伦比的形象重现生机？[2]

然而，既然苏格拉底[3]文化受到了动摇，只能用颤抖的双手抓住它那不容置疑的权杖，一方面是由于害怕它自己的结果，对此它终于开始有所预感了，另一方面是因为它自己再也不是怀着先前那种天真的信赖，坚信自身根基的永恒有效性了：于是出现了一个悲哀的景象，它那思想的舞蹈如何总是渴慕地冲向新的形象，要去拥抱新的形象，[4]而后突然又惊恐地抛弃了她们，就像靡非斯特抛弃了诱惑的拉弥亚[5]。这委实是那个“断裂”的标志了，人们通常都把这个“断裂”说成现代文化的原始苦难：理论家对自己的结果感到害怕和不满，再也不敢把自己托付给可怕的此在冰河了，只好忧心忡忡地踯躅于岸边。他再也不想求全，也不想完全分享事物

---

① 力求完完全全……］参看歌德：《总忏悔》；1871 年 11 月 8 日卡尔·封·盖斯多夫致尼采的信，见《尼采书信集》，第 2 卷（下），第 452—453 页。——编注

② 歌德：《浮士德》，第 7438—7439 行。——编注

③ 苏格拉底］据誊清稿：亚历山大。——编注

④ 拥抱新的形象，］1872 年第一版；1874/1878 年第二版付印稿：拥抱新的形象［译按：此处只是少了一个逗号］。——编注

⑤ 靡非斯特抛弃了诱惑的拉弥亚］歌德：《浮士德》，第 7697—7810 行。——编注

的全部天然残酷了。就此而言，是乐观主义的观点把他弄得柔弱不堪了。此外他还感到，一种在科学原理基础上建造起来的文化，一旦开始变成**非逻辑**的，也即开始逃避自己的结果，那它就必定要毁灭了。我们的艺术揭示了这种普遍困境：人们徒然地模仿所有 120
伟大的创造性时期和创造性人物，为了安慰现代人，人们徒然地把全部“世界文学”[1]集中到现代人身边，把他们置于所有时代的艺术风格和艺术家中间，好让他们像亚当命名动物[2]一样来给所有艺术风格和艺术家起名字：然则他们仍然是永远的饿鬼，是毫无乐趣、毫无力量的“批评家”，是亚历山大式的人物，根本上就是一些图书馆员和校勘者，可怜让书上的灰尘和印刷错误弄得双目失明。

十九[3]

我们若要把这种苏格拉底文化的核心内涵描述清楚，[4]最好的做法莫过于把它命名为**歌剧文化**了[5]，因为在歌剧领域里，这种文化以其特有的天真表达了自己的意愿和认识；如果我们把歌剧

---

[1] “世界文学”(Weltlitteratur)是诗人歌德在与爱克曼的谈话中首次提出来的，时为1827年1月31日。——译注

[2] 亚当命名动物]《创世记》(1 Mos.)，第2章第20行。——编注

[3] 参看9［5］；9［29］；9［9］；9［10］；9［109］。——编注

[4] 描述清楚，] 1872年第一版；1874/1878年第二版付印稿：描述清楚［译按：此处只少了一个逗号］。——编注

[5] 尼采把歌剧视为苏格拉底理论文化的现代形式。歌剧出现于16世纪后期的意大利佛罗伦萨，一般认为第一部伟大的歌剧作品是蒙特威尔第的《奥菲欧》(1607年)。——译注

的起源和歌剧发展的事实，与阿波罗因素和狄奥尼索斯因素的永恒真理放在一起加以对照，我们就将大感惊奇。我首先要提醒读者注意抒情调和宣叙调[1]的形成过程。谁会相信，在帕莱斯特里那[2][3]那种无比崇高和无比神圣的音乐刚刚兴起的时代里，人们竟能狂热地接受和爱护这样一种完全外化的、配不上虔诚的歌剧音乐，仿佛那就是一切真正音乐的复活了？另一方面，谁会把如此迅速地蔓延开来的对歌剧的兴趣，一味地归咎于那些佛罗伦萨人的享乐癖和他们那些戏剧歌手的虚荣心呢？在同一个时代，甚至在同一个民族里，与整个基督教中世纪都参与建造的帕莱斯特里那和声的拱形建筑一道，同时也出现了那种对于半拉子音乐语调的热情——对于这一点，我只能根据一种在宣叙调之本质中一道发挥作用的*艺术之外的倾向*来加以解释了。

121 听众想要听清楚歌词，歌手就要来满足他的愿望，其做法是多说少唱，在半唱中加强充满激情的词语表达。通过这样一种激情的加强，歌手就使歌词变得容易理解了，就克服了剩下的一半音乐。现在威胁着歌手的真正危险在于，有时他不合时宜地过分强调音乐，就必定会立即毁了话语的激情和歌词的清晰性；而另一方

---

① “抒情调”(stilo rappresentativo)也叫“咏叹调”，是歌剧中的独唱段落，是歌剧中最重要的歌唱形式；“宣叙调”(Recitativ)是一种近于朗诵、用来陈述剧情的乐调。——译注

② 帕莱斯特里那］1872年第一版付印稿：［若斯坎与帕莱斯特里那］。［译按：若斯坎(Josquin des Pres，约1425—1479年)，法国作曲家，文艺复兴时期佛兰德乐派代表。］——编注

③ 帕莱斯特里那(Palestrina，约1525—1594)：意大利教会音乐作曲家。通常被认为是古典音乐的第一个大作曲家。——译注

面，他往往感到有一种冲动，要通过音乐来发泄，要娴熟地展示他
的歌喉。这里“诗人”来帮他的忙，“诗人”知道怎么为他提供足够
的机会，让他使用抒情的感叹词，重复一些词语和句子，等等——
在这些场合，歌者现在就可能处于纯粹音乐的元素中，而没有顾及
歌词。富有情感而有力、但只是半唱的话语，与那种合乎抒情调之
本质的全唱的感叹词相互交替，这样一种交替，这种迅速变换的努
力——时而要本着概念和观念，时而要根据听众的音乐基础来工
作——是某种完全不自然的东西，是同样十分内在地与狄奥尼索
斯和阿波罗的艺术冲动相矛盾的，以至于我们必得推断出，宣叙调
的起源处于全部艺术本能之外。根据这种描述，就可以把宣叙调
界定为史诗朗诵与抒情诗朗诵的混合，诚然决不是内在稳定的混
合（那是两个完全分离的事物不可能达到的），而是极其表皮的马
赛克式的镶嵌黏合——此种情况在自然界和经验领域里是完全没
有范例的。**然而这并不是那些宣叙调发明者的看法**；相反，他们自
己以及他们的时代倒是相信，通过抒情调，古代音乐的奥秘已经解
开了，唯据此才能解释俄狄浦斯、安菲翁[1]的巨大影响，其实也就 122
是希腊悲剧的巨大影响。这种新风格被视为最有效果的音乐、古
希腊音乐的复苏：的确，按照一般的完全大众化的观点，荷马世界
乃是**原始世界**，有了这种观点，人们就可以沉浸于那个梦想，以为
现在又进入天堂般的人类开端中了，在其中，音乐必然具有那种无
可超越的纯粹性、权能和无辜——那是诗人们在他们的牧歌中十

① 安菲翁（Amphion）：希腊神话中主神宙斯的儿子，以竖琴的魔力建造了底比斯城。——译注

分动人地叙述过的。[①] 在这里，我们看到了歌剧这种真正现代的艺术种类最内在的生成过程：一种强大的需要在此要求一种艺术，但那是一种非审美的需要：对田园生活的渴望，对艺术的和善良的人类的一种远古生存方式的信仰。宣叙调被视为那种原始人类的重新发现的语言；歌剧被视为那种田园式的或者英雄式的美好生灵重新找到的国度——这种美好生灵同时在其所有行为中都遵循一种自然的艺术冲动，碰到他必须言说的一切东西至少都要唱些什么，以便在情感稍有波动时就立即能引吭高歌。[②] 当时的人文学者用这种新创的天堂般的艺术家形象，来反对教会关于本身腐化堕落的人的老观念，这种情况对于今天的我们来说是无关紧要的；但这样一来，歌剧就得被理解为关于好人的对立信条，而有了这个信条，同时也就找到了一个对付悲观主义的安慰手段——恰恰是那个时代严肃的思索者，鉴于所有状况的可怕的不确定性，最强烈地被引向了悲观主义。我们今天只需认识到，这种新的艺术形式的真正魔力及其起源，就在于满足一种完全非审美的需要，在于对人类本身的乐观赞美，在于把原始人理解为天性善良和富有

---

① 叙述过的。] 誊清稿：叙述过的。我们确实也立即发现歌剧处于与牧歌的最紧密结合中：我们从那一流歌剧中认识到的东西，——后来咏叹调之于宣叙调（Recitativ）的关系：有如抒情〈调〉中音乐重音与宣叙调（Sprechgesang）的关系。可见这种对立被普遍化了。歌者在咏叹调中引人注目，而在别处他只是作为庄重的朗诵者而出现的。——编注

② 歌剧被视为那种田园式的……] 誊清稿：歌剧［昭示出艺术之人作为本真的真实之人的现代福音］被视为那种田园式的或者英雄式的美好人类重新找到的国度——这种美好人类同时在其所有行为中都是艺术家。他在碰到他必须言说的一切东西至少都要唱些什么，在情感稍有波动时就立即开始高歌。——编注

艺术气质的人类。这个[1]歌剧原则渐渐转变成了一个咄咄逼人的骇人**要求**——有鉴于当代的社会主义运动，我们再也不能对这个 123
要求充耳不闻了。“善良的原始人”要求自己的权利：何等天堂般的前景啊！

除此之外，我还要端出一个同样十分清晰的证明，来证明我的下列观点：歌剧建立在与我们的亚历山大文化相同的原则上[2]。歌剧乃是理论家、外行批评家的产物，而非艺术家的产物：这是全部艺术史上最令人诧异的事实之一。首先必须弄懂歌词，这是根本上毫无音乐修养的观众的要求：[3]结果是，只有当人们发明了某种唱法，其歌词能支配对位法，有如主人支配仆人一般，这时候才能指望音乐艺术的再生。因为正如灵魂比身体更高贵，歌词要比伴奏的和声系统高贵得多。在歌剧开端之际，人们就是按照不懂音乐的外行的这样一种粗糙见解来处理音乐、形象与歌词的联系的；也是在这种美学意义上，在佛罗伦萨上流社会的外行人圈子里，那些受庇护的诗人和歌手们开始了最初的试验。这些[4]无能于艺术创作的人为自己制造了一种艺术，恰恰是由于他们本身是毫不艺术的人。因为他们不能猜度狄奥尼索斯音乐的深邃之处，所以就把音乐欣赏转变为抒情调之激情的合乎理智的词语和声音修辞，转变为歌唱艺术的快

---

① 这个(welches)] 1872 年第一版：作为这个(als welches)。——编注

② 相同的原则上] 誊清稿：相同的原则上，并以同一种几乎无辜的方式展示出 pudenda [私处、阴部]。——编注

③ 要求：] 1872 年第一版；1874/1878 年第二版付印稿：要求；[译按：此处只有标点符号差别]。——编注

④ 这些] 据誊清稿：即使对希腊悲剧来说，张望的合唱歌队也是戏剧世界的制造者。——编注

感；因为他们不能看到任何幻景，所以就强迫机械师和布景师为他们效力；因为他们不知道怎么把握艺术家的真正本质，所以就按照自己的趣味变戏法，变出“艺术的原始人”来，也就是那种用激情歌唱和用韵文讲话的人。他们梦想自己进入了一个时代，这个时代的
124 激情足以产生出歌和诗：仿佛情绪曾经有能力创造出某种艺术似的。歌剧的前提乃是一种关于艺术过程的错误信念，也就是那种田园牧歌式的信念，即相信每一个有感觉能力的人根本上都是艺术家。根据这种信念，歌剧就成了艺术外行的表达，艺术外行用理论家那种快乐的乐观主义来强力推行自己的法则。①

倘若我们希望把上面描写过的在歌剧产生过程中起作用的两个观念统一到一个概念上，那么，或许我们只能说，那是**歌剧的牧歌倾向**：在这里我们只需动用席勒的说法和解释②。席勒说过，自然与理想要么是哀伤的对象，要么是快乐的对象——当自然被表现为失落了的东西而理想被表现为未达到的东西时，两者就是哀伤的对象；而当两者被设想为现实的东西时，它们就是快乐的对象。第一种情况提供出狭义的哀歌，而第二种情况则产生出最广义的牧歌。在这里，我们要立即提请注意的是，在歌剧发生过程中那两个观念的共同特征，即：在这两个观念当中，理想没有被感受为未达到的，

---

①　自己的法则。］誊清稿：自己的法则。按照这种外行的观点，就必定有可能从正确的认识、从批评中生产出艺术作品：而且谁若懂得迎合这种外行的需要，谁若从这种外行的愿望出发仿佛……正如歌剧是从亚历山大文化的基本思想中生长出来的，歌剧同样在其发展过程中表明，那个基本思想是一种谎言，以至于人们可以说，卢梭的“好人、善人”和我们的理〈论的〉……。——编注

②　席勒的说法和解释］《论朴素的诗和感伤的诗》，《席勒著作集》，民族版，第20卷，第448—449页。——编注

而自然没有被感受为失落了的。按这种感受来看，曾有过一个人类的原始时代，当其时也，人类置身于自然的心脏中，并且在这种自然状态中同时达到了人性的理想，处于一种天堂般的美好善意和艺术氛围中：我们全都来源于[①]这种完美的原始人，其实我们至今依然是他们的忠实肖像：只不过，我们必须自愿地放弃多余的博学和过于丰富的文化，借此抛掉我们身上的某些东西，才能重新认识自己的这种原始人本色。文艺复兴时期有教养的人通过歌剧来模仿希腊悲剧，由此使自己回归自然与理想的这样一种和谐，回归一种田园牧歌式的现实，[②]他们就像但丁利用维吉尔一般来利用希腊悲剧，方得以被引向天堂之门：而他们从这里出发还继续独自前进，从一种 125
对最高的希腊艺术形式的模仿，过渡到“对万物的恢复”，过渡到对人类原始艺术世界的仿制。在理论文化的怀抱里，这些大胆的追求有着何等信心和善意啊！——对于这一点，我们唯一地只能根据下面这种具有慰藉作用的信念来解释，即相信：“人本身”是永远有德性的歌剧主角，是永远吹笛或者歌唱的牧人，如若他在某个时候真的丧失了自己，到最后总是一定能找回自己的；这个“人本身”唯一

---

① 于(von)] 1872年第一版：于(als von)[译按：此处词语差别无关乎义理]。——编注

② 田园牧歌式的现实，] 誊清稿：田园牧歌式的现实：他们的护送人引领他们穿越当代的骇人事件和地震，就像维吉尔引领但丁穿过 inferno [地狱]：直到他们一道抵达人类天堂的田园牧歌式的高空，在那里他们遇见了作为原始人的好心肠的歌唱的牧人或者英勇善良的英雄。向开端的逃遁，在最广意义上讲，就是向自然的逃遁，乃是现代人的苦心：但这个自然已经是一种田园牧歌式的幽灵了，它扩展了现代人的亚历山大式幻想：够了，人们相信这个幽灵就是一种现实，并且热烈地爱上了这种现实。这种信仰的特征乃是这样一个观念，即：我们越是接近自然，也就越是接近一种理想的伟大而善良的人性……。——编注

地只是乐观主义的果实，有如一股甜蜜诱人的芳香，这种乐观主义是从苏格拉底世界观的深渊里升腾起来的。

可见，歌剧的特征绝不带有对于一种永远丧失的哀痛，而倒是有着一种对于永远重获的欢欣，对于一种田园牧歌式现实的惬意乐趣，在任何时候，人们至少把这种田园牧歌式的现实设想为真实的。在这方面，人们也许有朝一日会猜度，这种臆想的现实无非是一种幻想的愚蠢游戏，每一个能够以真实自然的可怕严肃来衡量它、把它与人类开端的原始场景相比较的人，都必定会厌恶地对它大声呵斥：滚开，你这幽灵！尽管如此，倘若人们以为只要大喊一声就能像赶跑鬼怪一样斥退歌剧这种戏要卖俏的货色，那就弄错了。谁要消灭歌剧，他就必须与那种亚历山大式的明朗作斗争，这种明朗十分天真地用歌剧来谈论它所喜爱的观念，其实歌剧就是这种明朗的真正艺术形式了。可是，这样一种艺术形式的起源根本不在审美领域里，而倒是从一个半拉子的道德范围潜入到艺术领域里的，只能偶尔向我们隐瞒它的这样一种杂交来源，那么，对
126 于艺术本身来说，我们能指望这种艺术形式发挥什么作用呢？若不是从真正的艺术中汲取汁液，这种寄生的歌剧还能从哪里获得养料呢？难道我们不是可以推测，受到其田园牧歌的诱惑，在其亚历山大式的谄媚术影响下，艺术那种堪称真正严肃的至高使命——使肉眼摆脱对黑夜之恐怖的注视，通过假象的疗救之药把主体从意志冲动的痉挛[①]中挽救出来[②]——就会蜕化为一种空洞

① 痉挛］1872 年第一版付印稿：魅力。——编注

② 通过假象的疗救之药……］据 1872 年第一版付印稿：在假象的净化波浪中洗涤意志的冲动。——编注

而涣散的娱乐倾向？在我讨论抒情调之本质时所阐发的这样一种风格混合中，狄奥尼索斯因素和阿波罗因素的永恒真理会变成什么呢？——在那里，音乐被视为奴仆，歌词被视为主人，音乐与肉体并论，而歌词与灵魂并论；在那里，最高目标充其量只能指向一种描述性的音响图画，类似于从前在阿提卡新酒神颂歌中的情况；在那里，音乐已经完全疏离了自己作为狄奥尼索斯的世界镜子的真正尊严，以至于它作为现象的奴仆，只能去模仿现象的形式本质，用线条和比例的游戏来激发一种浅薄的快感。严格地审察一番，我们就会看到，歌剧对于音乐的这样一种致命影响是径直与现代音乐的整个发展相合的；在歌剧之发生过程以及由歌剧所代表的文化之本质中潜伏的乐观主义，以骇人的速度成功地剥夺了音乐，使之失去了自己的狄奥尼索斯式的世界使命，并且赋予它一种玩弄形式的、娱乐性的特征——这样一种变化，也许只有那种从埃斯库罗斯的悲剧人物向亚历山大的明静人物的转变才能与之相比拟。

然而，如果说在上面举出的例证中，我们已经正确地把狄奥尼索斯精神的消失与希腊人那种极其显眼的、但至今未经解释的转变和蜕化联系起来了——那么，若有一些极其可靠的征兆向我们 127
担保，在我们当代世界里将出现一个相反的过程，即狄奥尼索斯精神的逐渐苏醒，则我们心中一定会重新燃起何种希望啊！赫拉克勒斯的神性力量是不可能永远在为翁法勒[1]的繁重劳役中衰退

[1] 翁法勒(Omphale)：希腊神话中吕狄亚女王。赫拉克勒斯曾被罚给翁法勒为奴三年，在服役中成了女王的情人。——译注

的。从德国精神的狄奥尼索斯根基中,已然升起了一种势力,它与苏格拉底文化的原始前提毫无共同之处,既不能根据这种文化来解释,也不能根据这种文化来开脱自己,相反,它倒是被这种文化当作恐怖而无法解释的东西、当作超强而敌对的东西——那就是**德国音乐**,我们首先要从巴赫到贝多芬、从贝多芬到瓦格纳的强大而辉煌的历程中来理解的德国音乐。我们今天渴求知识的苏格拉底主义,在最佳情形下,又能拿这个从永不枯竭的深渊中升起的魔鬼怎么办呢?无论是从歌剧旋律的脉冲运动和华丽装饰出发,还是借助于赋格曲和对位辩证法的计算表,我们都找不到一个公式,以它的三倍强光降服那个魔鬼,并且强迫这个魔鬼开口说话。如今,我们的美学家们拿着他们特有的"美"的罗网,去追捕那个带着不可捉摸的生命在他们面前嬉耍的音乐天才,其动作既不能根据永恒的美来评判,也不能根据崇高来评判——这是何等好戏呢!我们只需亲自到近处看一看,当这些音乐赞助人不知疲倦地高喊"美哉!美哉!"时,他们看起来是否真的像在美之怀抱中受过教养和疼爱的自然之宠儿,抑或他们倒是要为自己的粗野寻找一个骗人的掩盖形式,为自己的缺乏感情的平淡无味寻找一个美学的借口:在此我想到奥托·雅恩①,此公可为一例②。不过,但愿这个骗
128 子和伪善者小心提防着德国音乐!——因为在我们的全部文化当中,恰恰德国音乐是唯一纯粹的、纯净的、具有净化作用的火之精

① 奥托·雅恩(Otto Jahn,1813—1869年):一译奥托·扬,德国古典学家和语言学家。——译注

② 要为自己的粗野寻找一个……] 1872年第一版付印稿:要为自己的缺乏感情的平淡无味寻找一个美学的借口,为自己的粗野寻找一个骗人的掩盖形式。——编注

灵，正如以弗所的伟大思想家赫拉克利特[①]的学说所讲的，万物以双重的循环轨道运动，来自火又回归于火。今日我们所谓的一切文化、教化、文明，有朝一日必将出现在狄奥尼索斯[②]面前，接受这位可靠的法官的审判！

现在让我们来回想一下，对于来自相同源泉的德国哲学精神来说，康德和叔本华已经使之有可能通过证明科学苏格拉底主义的界限，消灭了后者那种自满自足的此在快感，又通过这种证明，开创了一种关于伦理问题和艺术的无比深刻而严肃的考察，对于这种考察，我们可以径直把它称为用概念来表达的狄奥尼索斯智慧——德国音乐与德国哲学之间的这样一种统一性之 mysterium［奥秘］，若不是把我们引向一种新的此在形式，还能把我们指向何方呢？而关于这种新的此在形式的内涵，我们眼下就只能根据希腊的类比来予以猜度和了解了。因为希腊的楷模为我们，为站在两种不同的此在形式的分界线上的我们，保存着这样一种无法测度的价值，那就是，在这个楷模身上，所有那些过渡和斗争也都清楚地形成一种经典的、富有教育意义的形式了。只不过，我们现在仿佛是要以颠倒的次序，以类比方式来经历希腊本质的各个伟大的主要时代，例如现在就要从亚历山大时代退回到悲剧时代。这当儿，我们心中就会产生一种感觉，仿佛一个悲剧时代的诞生，对于德国精神来说只能意味着向自身的回归，只能意味着幸福地重获自身——既然长期以来，从外部侵入的巨大势力迫使在无助的

① 赫拉克利特（Heraklit，约前 540—前 470 年）：希腊前苏格拉底时期思想家，出生于小亚细亚伊奥尼亚地区的以弗所城邦。——译注

② 狄奥尼索斯］系后来在 1872 年第一版付印稿中补充的。——编注

形式野蛮状态中得过且过的人们走向了一种受其形式支配的奴役129 状态。现在，在返回到自己的本质源泉之后，德国精神终于可以无需罗马文明的襻带，敢于在所有民族面前勇敢而自由地阔步前进了：如果说德国精神懂得不懈地只向一个民族学习，那就是向希腊人学习，而能够向希腊人学习，这毕竟已经是一种崇高的荣耀，一种出众的珍品了。而如今，我们正在体验和经历**悲剧的再生**，而且我们正处于既不知道它从何而来又不明白它意欲何往的危险中，还有比现在更需要这些高明无比的导师的时候吗？

二十

有朝一日，终会有一个公正的法官来做出考量：在以往哪个时代、在哪些人身上，德国精神曾竭尽全力向希腊人学习。倘若我们满怀信心地假定，我们必须把这种独一无二的赞扬判归歌德、席勒、温克尔曼[①]那场极为高贵的文化斗争，那么，我们无论如何都要补充一点：自他们那个时代以来，在那场斗争的直接影响下，在相同轨道上获致教化和回归希腊人的努力[②]是不可思议地越来越衰弱了。为了让我们不至于对德意志精神产生完全的绝望，难道我们不该从中推出如下结论：在某个根本点上，可能连那些斗士也

---

① 温克尔曼（Winckelmann's）] 1872 年第一版；1874/1878 年第二版付印稿；1874/1878 年第二版。在 1872 年第一版付印稿；大八开本版中则为：温克尔曼（Winkelmann's）[译按：此处只有德文拼写法之别，译文未能传达]。——编注

② 努力] 1872 年第一版；1874/1878 年第二版付印稿：努力，[译按：此处只多了个逗号]。——编注

没有成功地深入到希腊本质的核心处，在德国文化与希腊文化之间建立一种持久的亲密联盟？若然，也许严肃的人物无意间看到这个缺失，也会形成一种令人沮丧的怀疑：在这些先驱者之后，他们是否能在这条教化道路上比[①]前者更进一步，终于臻至目标。因此我们看到，自那个时代以来，有关希腊人对于教化之价值[②]的评价，以极其令人忧虑的方式蜕化了；在殊为不同的思想文化和意识形态阵营里，我们都可以听到那种悲天悯人的优越感的表达；而在别处，人们则卖弄一些毫无用处的漂亮话，诸如用“希腊的和 130
谐”、“希腊的美”、“希腊的明朗”之类的说辞。而且，有一些团体，其尊严本来是要孜孜不倦地从希腊的河床里汲取营养从而救助德国的教化——然则恰恰在这些团体当中，在高等教育机构的教师团体当中，人们已经极其出色地学会了及时地以合适的方式敷衍希腊人，甚至经常以怀疑态度放弃了希腊的理想，甚至经常完全颠倒了古代研究的真正意图[③]。如若这些团体里有谁没有完全致力于做一个忠实可靠的古籍校勘者，或者做一个用自然史家的显微镜钻研语言的学究，那么，他也许除了其他古代文化，也会力求“历史地”掌握古希腊文化，不过总是会动用我们现在有教养的历史写作方法，并且带着这种历史写作[④]的优越的神情[⑤]。因此，如果说当代高等教育机构的真正教化力量可能已经是前所未有地低落和薄

---

① 比］1872 年第一版：较［译按：用了两个不同的副词，但意义相同］。——编注

② 希腊人对于教化之价值］1872 年第一版：希腊人的教化价值。——编注

③ 意图］1872 年第一版；1874/1878 年第二版付印稿：倾向。——编注

④ 历史写作］1872 年第一版；1874/1878 年第二版付印稿：历史写作［译按：此处只有德文拼写法之别，无关乎意义］。——编注

⑤ 优越的神情］1872 年第一版；1874/1878 年第二版付印稿：优越神情。——编注

弱了，如果说“新闻记者”这些乏味的日子奴隶在任何教化方面[①]全都战胜了高级教师们，而留给高级教师们的只是那种已经屡屡经历过的转变，他们现在也用新闻记者的腔调说话，以这个领域的“轻松优美”，作为快乐而有教养的蝴蝶而翩翩起舞——那么，这样一个当下时代的这些个有教养的人士，不得不目睹那个现象，目睹那个或许唯有从迄今为止未被理解的希腊天才[②]的至深根基而来才能得到类比的理解的现象，目睹狄奥尼索斯精神的觉醒和悲剧的再生，他们会处于何种痛苦的混乱当中呢？除了我们亲眼目睹的当下时代，从来没有过这样一个艺术时代，其中所谓的教化与真正的艺术是如此地格格不入和相互对立。我们自然能理解为什么一种十分孱弱
131 的教化会憎恨真正的艺术；那是因为，它害怕由于真正的艺术而导致自己的没落。然而，整个文化种类[③]，即苏格拉底－亚历山大的文化种类，既然可能已进入一个如此纤细脆弱的末端（就像当代教化那样），那它岂不是已经活到了头！[④] 倘若像席勒和歌德这样的英雄好汉都不能成功地打开通向希腊魔山的关隘，如果他们凭着最勇猛的奋斗也无计可施，只能流露那种渴望的目光[⑤]，就像歌德的[⑥]伊菲

① 教化方面］1872 年第一版：教化角度。——编注

② 天才］据 1872 年第一版付印稿：精神。——编注

③ 文化种类］1872 年第一版：文化倾向。——编注

④ 活到了头！］准备稿中中断了的续文：活到了头！人们向我指出了现在仍然会从那种文化中生长出来的一枝被活生生修剪过的根苗；于是我便愿意相信这种文化的将来。此间我看到的只是最后一道闪光：抑或一种完全熄灭的生殖能力。因此就有了对希腊人的疏远（连歌德和席勒也不知道如何把我们与希腊人持久地联系起来）：这些孜孜不倦的漫游者，是否他们马上就站上了一个高峰，让他们指点新江山。——编注

⑤ 渴望的目光］1872 年第一版：渴望之目光。——编注

⑥ 歌德的］1872 年第一版：歌德之。——编注

格涅亚[1]从荒凉的陶里斯隔海遥望故乡，那么，这些英雄好汉的后代们还有什么希望呢？——除非是在苏醒过来的悲剧音乐的神秘音响中，在一个完全不同的、迄今为止全部的文化努力都未触及过的方面，这个魔关突然间自动向他们开启出来。

但愿不会有人企图磨灭我们关于希腊古代文化即将再生的信念；因为唯在其中，我们才能找到那种希望，即德意志精神通过音乐的圣火获得更新和提炼的希望。除此之外，我们还能指出什么东西，是能够在今日文化的荒芜和疲弱中唤起某种对于未来的慰藉和期望的呢？我们徒然地守望着一棵茁壮的根苗，窥探着一块丰沃的土地：所到之处，我们只看到尘埃和沙石、僵化和折磨。在这里，一个绝望的孤独者能够为自己选择的最好象征，就莫过于丢勒[2]为我们描绘的与死神和魔鬼结伴的骑士了——这个身披铠甲的骑士有着青铜般的冷峻目光，丝毫不受他那两个可怕同伴的影响，但却无望而孤独，骑着骏马，带着爱犬，踏上自己的恐怖之路。我们的叔本华就是丢勒画笔下的这样一个骑士：他没有了任何希望，却依然想要真理。现在已经没有这种人了。——

然而，上面描写得如此阴暗的我们那疲乏无力的文化，当它碰到狄奥尼索斯的魔力时，将会发生怎样突兀的变化啊！一股狂飙 132
将攫住一切衰亡、腐朽、破残、凋零的东西，把它们卷入红色尘雾之中，像一只苍鹰把它们带入云霄。我们惘然四顾，追寻那业已消失

① 伊菲格涅亚(Ephigenie)：希腊神话中阿伽门农之女。歌德有剧本《伊菲格涅亚在陶里斯》描写伊菲格涅亚的故事。——译注

② 丢勒(Albrecht Dürer，1471—1528 年)：德国画家、版画家。《骑士、死神、魔鬼》(1513 年)是他的代表作之一。——译注

的东西：因为我们看到的东西，有如从一种没落中升向金色光辉，是那么丰沛翠绿，那么生气勃勃，那么充满无限渴望。悲剧就端坐在这种洋溢着生机、苦难和快乐的氛围当中，以一种高贵的喜悦，倾听着一支遥远而忧伤的歌——这歌叙述着[①]存在之母[②]，她们的名字叫：幻觉、意志、痛苦[③]。[④] ——是的，我的朋友们啊，请跟我一起相信狄奥尼索斯的生命，相信悲剧的再生吧。苏格拉底式人物的时代已经过去了：且请你们戴上常春藤花冠，拿起酒神杖，若有虎豹躺在你们脚下奉承你们，你们也用不着惊奇！现在，只要放胆去做一个悲剧人物：因为您当获得拯救。[⑤] 你们当伴随酒神节日游行队伍，从印度走到希腊！准备去迎接艰苦的战斗吧，但要坚信你们的神的奇迹！

二十一[⑥]

让我们从上面这种规劝的[⑦]口气转回到沉思者应有的情绪上来。我要重复一遍：只有从希腊人那里，我们才能了解到，悲剧的

---

① 这歌叙述着] 据 1872 年第一版付印稿：这歌梦想着。——编注

② 此处"存在之母"(Mütter des Seins)参看歌德：《浮士德》第二部，第 6173—6306 行。——译注

③ 此处"幻觉、意志、痛苦"德语原文为 Wahne，Wille，Wehe，均以 W 开头。——译注

④ 痛苦。] 1872 年第一版；1874/1878 年第二版付印稿。在 1874/1878 年第二版中则为：痛苦，[译按：此处只有标点差别]。——编注

⑤ 只要放胆去做一个……] 1872 年第一版：你们当去做一个悲剧人物！——编注

⑥ 参看 3 [2]。——编注

⑦ 规劝的] 据 1872 年第一版付印稿：恣意的。——编注

这样一种近乎奇迹般的、突然的苏醒，对于一个民族最内在的生活根基来说到底意味着什么。这个具有悲剧秘仪的民族进行了与波斯人的战役[1]：而反过来讲，这个民族投入了这些战争之后，就需要悲剧作为必要的康复剂。谁会[2]想到[3]，恰恰在这个民族身上，历经几代受狄奥尼索斯魔力最强烈痉挛的深度刺激，竟还能同样有力地迸发出最朴素的政治感情、最自然的家乡情怀、原始的男子 133
汉战斗气概？不过，每当狄奥尼索斯热情明显地向四周蔓延时，我们总是能够觉察到，对个体之桎梏的狄奥尼索斯式的摆脱首先表现为一种政治本能的减退，减退到了冷漠、甚至敌视政治本能的地步，而另一方面，建国之神阿波罗无疑也是 principii individuationis［个体化原理］的守护神，若没有对个体人格的肯定，也就不可能有国家和故乡意识。对于一个民族来说，只有一条道路让它摆脱掉纵欲主义，那就是通向印度佛教的道路；为了忍受自己对于虚无的渴望，印度佛教需要那种超越空间、时间和个体的稀罕的出神状态；而这种状态又要求一种哲学，后者能教人通过观念[4]去克服那种中间状态的难以描写的不快和反感。一个民族若以政治冲动的绝对有效性为出发点，则恰恰必然地陷于极端世俗化的轨道里——其最卓越的、但也最可怕的表现，就是罗马帝国了。

希腊人置身于印度与罗马之间，并且被迫做出诱人的选择。

---

① 指希波战争，即公元前 492—前 479 年和公元前 478—前 449 年波斯人与希腊人之间的战争，以希腊获胜而告终。——译注

② 会］1872 年第一版：能。——编注

③ 想到］1872 年第一版：能想到。——编注

④ 此处“观念”原文为 Vorstellung，在哲学上通常译作“表象”。——译注

他们成功地以古典的纯粹性另外发明了第三种形式，诚然没有长久地为自己所用，但恰恰因此而获致不朽。因为，诸神的宠儿往往早死，万物当中莫不如此，但同样确凿无疑地，他们此后却与诸神分享永生。人们不可要求最高贵者具有皮革的持久韧性；那种粗壮结实的持久性，诸如罗马的民族本能所特有的持久性，很可能不是完满性的必要属性。然而，如果我们问，是何种灵丹妙药使希腊人在他们的鼎盛时期，在他们的狄奥尼索斯冲动和政治冲动异常强烈之时，竟有可能既没有因为一种出神的苦思冥想而耗尽自身，又没有因为一种对世界霸权和世界荣誉的强烈追逐而弄得精疲力
134 竭，相反，他们倒是达到了一种美妙的混合，有如酿成一种既让人兴奋又令人深思的高贵美酒，那么，我们必定会想到**悲剧**的巨大力量，那种能够对整个民族生活起激发、净化和释放作用的悲剧的伟力；只有当悲剧作为一切预防疗效的典范、作为在民族最强大的特性与本身最危险的特性之间起支配作用的调解者出现在我们面前，就像当时出现在希腊面前那样，这时候，我们才能猜度悲剧的最高价值。

悲剧汲取了音乐最高的纵情狂放的力量，从而把音乐径直带到完善之境，在希腊人那里是这样，在我们这里亦然；进而，悲剧却又把悲剧神话和悲剧英雄与音乐并列起来，悲剧英雄就像一个强大的泰坦神[①]，担当起整个狄奥尼索斯世界，卸掉了我们的负担。而另一方面，悲剧又懂得通过同一种悲剧神话，以悲剧英雄为化

---

① 就像一个强大的泰坦神］据 1872 年第一版付印稿：仿佛作为泰坦神阿特拉斯［译按：阿特拉斯（Atlas）为希腊神话中的大力神］。——编注

身，把我们从追求这种此在生活的贪婪欲望中解救出来，并且以告诫之手提醒我们还有另一种存在，还有一种更高的快乐——对于后者，奋斗的英雄通过自己的没落、而不是通过自己的胜利，充满预感地作了准备。悲剧在其音乐的普遍效力与容易接受狄奥尼索斯的观众之间，设立了一个崇高的比喻，即神话，并且在观众那里唤起一种假象，仿佛音乐只不过是使形象的神话世界复活的最高表现手段而已。信赖于这样一种高贵的幻觉，现在悲剧就可以手舞足蹈地跳起酒神颂歌的舞蹈了，并且毫无顾忌地热衷于一种纵情的自由感觉[①]；如若没有这种幻觉，作为音乐本身的悲剧是不敢沉迷于这种自由感觉的。神话保护我们，让我们免受音乐的损害，而另一方面又赋予音乐最高的自由。作为回赠，音乐也赋予悲剧神话一种十分强烈的和令人信服的形而上学意蕴；若没有音乐独一无二的帮助，话语和形象是决不能达到这种意蕴的。而且特别是，通过音乐，悲剧观众恰恰产生了关于一种最高快乐的可靠预 135
感，那是通向没落和否定的道路所导致的最高快乐，结果是，悲剧观众自以为仿佛听到了万物的最内在深渊在对他大声诉说。

如果说以上面的讲法，也许我只能为这个艰难的观念给出一种暂时的、只有少数人能立即理解的表达，那么，恰恰在这个地方，我不能不继续激励我的朋友们作再一次的尝试，请求根据我们共同经验的单个例子，为普遍定律的认识做好准备。在这个例子中，我不能涉及那些人，他们利用剧情画面、演员台词和情绪，借此帮助来接近音乐感受；因为这些人都不是把音乐当母语来讲的，纵然

---

① 自由感觉] 1872 年第一版；1874/1878 年第二版付印稿：自由感。——编注

有了上述帮助，也只能达到音乐感受的前厅，而不可能触及音乐那最深邃的圣地；这些人当中的某些人，比如格维努斯[1]，在这条道上甚至连门厅都不得而入。相反，我要求助的只能是那些人，他们与音乐有着直接的亲缘关系，仿佛音乐就是他们的母亲怀抱，他们几乎仅只通过无意识的音乐关系而与事物相联系。对于这些地道的音乐家，我要提出如下问题：他们是否能够设想这样一个人，他无需任何台词和画面的帮助，就能够纯粹地把《特里斯坦与伊索尔德》[2]第三幕感受为一个伟大的交响乐乐章，而又不至于在全部心灵之翼的一种痉挛扑击中窒息而死？[3] 一个人就像在这里一样，仿佛是把耳朵贴在世界意志的心房上，感觉到猛烈的此在欲望作为奔腾大河或者作为潺潺小溪从这里注入全部世界血管里，难道他不会突然崩溃么？在人类个体的可怜而脆弱的躯壳里，他怎能
136 忍受那来自“世界黑夜的广袤空间[4]”[5]的无数欢呼和哀叫的回响，而没有在这种形而上学的牧人圆舞中无可阻挡地逃到自己的原始故乡？但如果可以把这样一部作品感受为一个整体，而又没有否定个体实存，如果这样一种创造是可能的，而又用不着打垮创造

---

① 格维努斯(Gervinus，1805—1871年)：德国文学史家，著有两卷本莎士比亚研究(1850年)。——译注

② 《特里斯坦与伊索尔德》(Tristan und Isolde)为瓦格纳歌剧，首演于1865年。——译注

③ 窒息而死？(verathmen)］据准备稿：逐渐消逝(verhauchen)？那么，我或许就必得从这种经验出发改变自己关于人类的看法了。——编注

④ 空间］领域，瓦格纳。——编注

⑤ “世界黑夜的广袤空间”］瓦格纳：《特里斯坦与伊索尔德》，第三幕第一场(特里斯坦)。——编注

者——那么，我们从何处获得这样一种[①]矛盾的答案呢？[②]

在这里，悲剧神话和悲剧英雄介入到我们最高的音乐冲动与那种音乐之间，根本上它们只不过是那些唯有音乐才能直接言说的最普遍事实的比喻。然而，倘若我们作为纯粹狄奥尼索斯的生灵来感受，那么，神话作为比喻就会完全不起作用和不受注意地留在我们身旁，一刻都不会使我们疏忽掉对于 universalia ante rem［先于事物的普遍性］之回响的倾听。但在这里突然爆发出那种阿波罗力量，带着一种充满喜悦的幻觉的救治香药，旨在恢复几乎被击溃了的个体：突然间我们以为只还看到了特里斯坦，他一动不动，木讷地问自己："老调子了；它为何要唤醒我啊？"[③]先前让我们感觉到像从存在之中心传来的一阵低沉的喟叹，现在却只是想跟我们说，"大海多么荒凉空寥。"[④]而当我们自以为气息渐无，全部感觉都处于痉挛般的挣扎中，只有一丁点儿东西把我们与这种实存联系在一起，这时候，我们耳闻目睹的只是那个英雄，那个受了致命之伤但尚未死去的英雄，带着他那绝望的呼声：[⑤]"渴望啊！渴望！我在死亡中渴望，因渴望而不死！"[⑥]如果说先前在饱受这

---

① 这样一种］1872 年第一版；1874/1878 年第二版付印稿：这样一种特殊的。——编注

② 那么，我们从何处获得……］据准备稿：何种闻所未闻的魔力能够带来这等奇迹。——编注

③ 老调子了；它为何要唤醒我啊？］瓦格纳，同上书（特里斯坦）。——编注

④ 大海多么荒凉空寥］瓦格纳，同上书（牧人）。——编注

⑤ 联系在一起，这时候……］准备稿：［今后坚持住，英雄现在对我们说］联系在一起，这时候，我们耳闻目睹的是那个英雄，那个受了致命之伤、被一种对于伊索尔德的不懈渴望所攫住的英雄。——编注

⑥ 渴望啊！渴望！……］瓦格纳，同上书（特里斯坦）。——编注

等无数过度的痛苦折磨之后，号角的[①]欢呼声几乎像至高的痛苦破碎了我们的心，那么，现在在我们与这种“欢呼声本身”之间，站着那个朝着伊索尔德所乘的船只欢呼的库佛那尔[②]。不论同情多么强烈地抓住我们的心，但在一定意义上，这种同情却使我们免受
137 世界之原始痛苦，犹如神话的比喻形象使我们免于直接直观至高的世界理念，而思想和话语使我们免于无意识意志的奔腾流溢[③]。那壮丽的阿波罗幻觉让我们觉得，仿佛音响领域本身就像一个形象世界出现在我们面前，仿佛即便在这个形象世界里也只是形象地塑造了特里斯坦和伊索尔德的命运，有如使用了一种最柔软和最有表现力的材料。

于是，阿波罗因素从我们身上夺走了狄奥尼索斯的普遍性，并且使我们为了个体而心醉神迷；它把我们的同情心捆绑在这个个体身上，它通过这些个体来满足我们那种渴望伟大而崇高的形式的美感；它把生命形象展示给我们，激励我们去深思和把握其中所蕴含的生命内核和真谛。阿波罗因素以形象、概念、伦理学说、同情心的惊人力量，使人从其纵情的自我毁灭中超拔出来，对人隐瞒狄奥尼索斯过程的普遍性，使人走向那种妄想，以为自己看到的是一个个别的世界图景，例如特里斯坦和伊索尔德，而且**通过音乐**只

---

① 号角的(Horns)] 1872 年第一版；1874/1878 年第二版付印稿：号角之(Horn’s)[译按：此处只有德语拼写上的差别]。——编注

② 库佛那尔(Kurwenal)：特里斯坦的侍从。——译注

③ 流溢(Ergusse)] 1872 年第一版；1874/1878 年第二版付印稿：流溢(Erguss)[译按：此处只有德语拼写上的差别]。——编注

是能更好、更深地看到这个世界图景。[①] 如果说阿波罗本身能够在我们心中激起幻觉，仿佛狄奥尼索斯因素真的是为阿波罗因素效力的，能够增强阿波罗的作用，仿佛音乐甚至本质上就是一种表现阿波罗内容的艺术，那么，阿波罗的救治魔力还有什么做不到的呢？

有了那种在完美的戏剧与它的音乐之间存在的先定和谐，戏剧便达到了通常话剧达不到的最高程度的可观性。正如所有生动的舞台形象以独立运动的旋律线条在我们面前简化为清晰的弧线，我们在那种以极其细腻的方式与剧情过程相配合的和声变化中，听到了这些线条的并存：通过[②]这种和声变化，我们便能直接 138
地获悉事物的关系——以感性感知的方式，而绝不是以抽象的方式；通过这种和声变化，我们同样也能认识到，唯有在这些关系中，一种性格和一个旋律线条的本质才能纯粹地开显出来。而且，当音乐迫使我们比通常情形下看得更多更深，使剧情过程[③]像一幅精妙的织锦在我们眼前展开时，对我们那双超凡的、观[④]入内心的眼睛来说，舞台世界便无限地扩张开来，同样地也由内及外地被照

① 世界图景］准备稿：世界图景。把音乐当作使内在视觉得以更明亮地照亮的手段、当作以形式为目标的阿波罗冲动的最强刺激来使用。——编注

② 通过(durch)］1872 年第一版：通过(als durch)[译按：此处只有德语写法的差别，无涉于意义]。——编注

③ 过程(Vorgang)］准备稿；1872 年第一版付印稿；1872 年第一版；1874/1878 年第二版付印稿(也可参看 140,32)。在 1874/1878 年第二版；大八开本版中则为：帷幕(Vorhang)。——编注

④ 观(blickendes)］1872 年第一版；1874/1878 年第二版付印稿。在 1872 年第一版付印稿；1874/1878 年第二版付印稿中则为：观(blickende)[译按：此处只有德语拼写上的差别]。——编注

亮了。一个从事文字写作的诗人，动用相当不完备的手段，通过间接的途径从话语和概念出发，费尽心力地力求达到那种可观看的舞台世界的内在扩大及其内在照亮，但他能够提供类似的东西吗？虽然音乐悲剧也要使用词语，但它却能同时端出话语的根基和根源，由里及表地向我们阐明了话语的生成。

然而，对于上面描写的过程，我们或许可以同样明确地说，它只不过是一个壮丽的假象，即前面提到过的阿波罗幻觉，借着这种幻觉的作用，我们得以免除狄奥尼索斯的过度冲击。根本上，音乐与戏剧的关系其实恰恰相反：音乐是世界的真正理念，而戏剧则只是这种理念的反光和余晖，是这种理念的个别影像。旋律线条与生动的人物形象之间的那种一致性，和声与人物形象的性格关系之间的那种一致性，在一种相反的意义上是真实的，与我们在观看音乐悲剧时的看法刚好相反。我们可以激活人物形象，使之变得非常鲜明，由里及表地把它照亮，但它始终只是现象而已，没有一座桥梁从这种现象通向真实的实在性，通向世界之心脏。而音乐却从世界之心脏而来向人诉说；无数的这类现象或许会伴随相同
139 的音乐，但它们决不会穷尽音乐的本质，而始终只是音乐的表面映象。诚然，用通俗而完全错误的灵魂与肉体之对立观，是不可能解释音乐与戏剧的复杂关系的，而只会把一切弄得混乱不堪；不过，这样一种非哲学的粗糙的对立观，恰恰在我们的美学家那里——天知道是出于何种原因！——似乎已经成了众所周知又喜闻乐见的信条；而关于现象与自在之物的对立，他们却一无所知，或者基于同样未知的原因，是他们根本不想了解的。

倘若从我们的分析中已可见出，悲剧中的阿波罗因素通过它

的幻觉完全战胜了音乐的狄奥尼索斯的原始元素，并且为了自己的意图来利用音乐，也就是为了一种对戏剧的最高澄清和解释来利用音乐，那么，我们无疑就要做一种十分重要的限制：在最根本的关键点上，这种阿波罗幻觉被突破和毁灭掉。借助于音乐，戏剧，其全部动作和形象都获得了内在通透的清晰性的戏剧，便在我们面前展开，我们仿佛看到了织机上的布匹在经纬线上交织而成——戏剧便作为整体达到了一种效果，一种完全超越了全部阿波罗艺术效果的效果。在悲剧的总体效果上，狄奥尼索斯因素重又占了优势；悲剧就以一种在阿波罗艺术领域里从来听不到的音调收场了。由此，阿波罗幻觉便表明了它的本色，表明它在悲剧持续过程中一直在掩盖真正的狄奥尼索斯效果：然则这种狄奥尼索斯效果是如此强大，以至于它最后把阿波罗戏剧本身逼入某个领域，使后者开始用狄奥尼索斯的智慧说话，否定自身及其阿波罗式的可见性。所以，悲剧中阿波罗因素与狄奥尼索斯因素的复杂关系，确实可以通过两位神祇的兄弟联盟来加以象征：狄奥尼索斯讲 140
的是阿波罗的语言，而阿波罗终于也讲起了狄奥尼索斯的语言——于是就达到了悲剧和一般艺术的最高目标。

二十二

专心的朋友啊，愿您根据自己的经验，以纯粹而毫无混杂的方式来想象一下一部真正的音乐悲剧的效果。我想，我已经从两个方面描写了这种效果的现象，从而您现在就会懂得如何来解释自己的经验了。因为您会记得，有鉴于在您面前活动的神话，您觉得自己已经被提升到一种无所不知的境界上了，仿佛您现在眼睛的视力不仅能看到事物的表面，而且能深度透入事物的内部，仿佛您现在借助于音乐，能够亲眼目睹意志的沸腾、动机的冲突、激情[①]的澎湃，犹如看见大量丰富的生动活泼的线条和形象，从而能够潜入无意识情绪最细微的奥秘之中。而当您意识到自己追求可见性和美化的冲动达到了这样一种至高的提升时，您却又同样确定地觉得，这一长串阿波罗艺术效果，其实并没有让您产生那种坚持无意志直观的幸福感，也就是雕塑家和史诗诗人(即真正的阿波罗艺术家)通过他们的艺术作品在您身上产生的感觉——这也就是在那种直观中达到的对 individuatio［个体化］世界的辩护，这种辩护乃是阿波罗艺术的顶峰和典范。您观看美化了的舞台世界，但又否定之。您看到眼前的悲剧主角具有史诗般的清晰和美，但又因他的灭亡而开心。您深入骨髓地把握了剧情，却又乐于遁入不
141 可把握的东西之中。您觉得主角的行动是合理的，但当这些行动毁掉了主角时，您却更加振奋。您对主角将要受到的苦难感到不寒而栗，却又在其中预感到一种更高的、强大得多的快感。您比从前看得更多更深了，却又希望自己变成瞎子。若不是根据狄奥尼索斯的魔力，我们将根据什么来理解这样一种奇妙的自我分裂，这种阿波罗尖顶的断裂呢？狄奥尼索斯的魔力表面上激发了阿波罗情绪，使之臻于最高昂的境界，却又能够强制这种充溢的阿波罗力量为自己效力。我们只能把悲剧神话理解为狄奥尼索斯智慧通过

① 激情］准备稿：您通常只能根据话语和表情来加以不完全地猜测的激情。——编注

阿波罗艺术手段而达到的形象化;悲剧神话把现象世界带到极限,而在这个极限处,现象世界否定自己,又力求逃回到真实的和唯一的实在性之母腹中去。于是乎,现象世界似乎就要与伊索尔德一道,开始唱它的形而上学绝唱了:

在欢乐之海的
澎湃波涛中,
在大气之流的
洪亮回声中,
在宇宙之气
拂动的万物中——
淹没——沉溺——
无意识的——至高快乐![1]

[2]所以,根据真正的审美听众的经验,我们可以来想象一下悲剧艺术家本身,看看他如何像一个张狂的 individuatio［个体化］之神祇把自己的人物形象创造出来,在此意义上,我们就难以把他的作品当作"对自然的模仿"来把握了——而另一方面,他那惊人的狄奥尼索斯冲动又如何吞噬了这整个现象世界,为的是让人们在现象世界的背后、并且通过现象世界的毁灭,预感到太一怀抱中

---

① 在欢乐之海的……］1872 年第一版:在澎湃波涛中,在洪亮回声中,在宇宙之气拂动的万物中,——淹没,沉溺,——无意识的,——至高的快乐!。《特里斯坦与伊索尔德》结尾处伊索尔德讲的最后的话,第三场第三幕。尼采在 1872 年第一版中引用的是初稿。——编注

② 准备稿中此处有一段续文:在已经以此方式揭示了悲剧神话的起源之后,现在谁还想重新返回到陈旧的美学公式中去,据此公式,悲剧因素——在这种返乡中,悲剧神话同时也让我们理解它从何而来:为什么它本身——。——编注

一种至高的、艺术的原始快乐。[1] 诚然，关于这样一种向原始故乡的回归，关于悲剧中两个艺术神祇的兄弟联盟，关于听众的阿波罗
142 式激动和狄奥尼索斯式激动，我们的美学家是不知道说些什么的，然则他们却不厌其烦地大谈主角与命运的斗争、道德的世界秩序的胜利，或者由悲剧引起的情绪宣泄，把这类东西刻画为真正的悲剧因素：这种[2]孜孜不倦的劲头儿使我想到，他们根本就不会成为能够激发美感的人，在听悲剧时也许只能被视为道德动物。自亚里士多德以降，还从来没有人关于悲剧的效果提出过一种解释，是可以让人理解艺术状态、听众的审美活动的。有人认为，由严肃的剧情引起的怜悯和恐惧催生出一种具有缓解作用的宣泄，也有人认为，当我们看到善良和高贵的原则获胜，看到英雄人物为了道德世界观而牺牲时，我们便会感到振奋和激动。无疑地，我相信，对大多数人来说这就是悲剧的效果了，而且只有这个才是悲剧的效果；但这一点同样清楚地表明，所有这些人连同他们那些做阐释工作的美学家，对于作为最高**艺术**的悲剧是一无所知的。那种病态的宣泄，亚里士多德的 Katharsis［宣泄、净化、陶冶］[3]——语文学

---

① 所以，根据真正的审美听众……］准备稿开头：根据听众和观众的审美本性中的双重艺术过程，现在或许也可以来对悲剧艺术家（他既是梦想艺术家又是陶醉艺术家）的创造过程作一种充满预感的考察：在这方面，举例说来，我们可以极其明确地推举莎士比亚的一种异乎寻常的原始能力，尽管在其十四行诗中，他并没有以十分强调的方式教导我们——。——编注

② 这种］1872 年第一版：作为这种。——编注

③ 此处 Katharsis［宣泄、净化、陶冶］是亚里士多德在《诗学》中提出的一个基本概念，用来界定艺术作品的作用和效果。后成为欧洲诗学（美学）的基本范畴和基本原则之一。但汉语学界对此概念的理解和翻译一直大成问题，我们在此列出三种基本译法，有人甚至主张干脆取音译法，作“卡塔西斯”。——译注

家们不知道是把它归为医学现象呢，还是把它算作道德现象——让人想起歌德的一个奇怪猜想。“没有强烈的病理兴趣”，歌德说，“我也从来没有成功地处理过任何一个悲剧性情景，所以我宁愿避免、而不是寻找悲剧性情景。难道这也是古人的优点之一么？——在古人那里，最高的激情或许也只不过是审美游戏，而在我们这里要产生出这样一件作品，就必须有自然真理的参与。”[①]恰恰在音乐悲剧中，我们惊奇地体验到，最高的激情何以真的只可能是一种审美游戏；有了这一番体验之后，我们现在就可以根据自己的美妙经验，来对歌德这个十分深刻的问题作肯定的回答了。所以我们可以相信，唯到现在，悲剧性这一原始现象才能得到几分成功 143
的描述。谁若现在还只能从非审美领域来叙述那些代表性的效果，并且觉得自己没有超越病理的和道德的过程，那他就只能怀疑自己的审美天性了：而与之相反，我们则要建议他按照格维努斯的方式去解释莎士比亚，努力去探索作为无辜的替代品的“诗歌正义”。

于是，随着悲剧的再生，**审美的听众**也再生了，而一直以来，坐在剧场听众席上的往往是一种古怪的 Quidproquo［代理人］，既带着道德的要求又有博学的要求，也就是所谓“批评家”。迄今为止，在他的领域里，一切都是人为做作的，只是被粉饰了一种生活假象。表演艺术家实际上再也不知道该拿这种吹毛求疵的听众怎么办了，所以连同给他以灵感的剧作家或歌剧作曲家，他只好不安地在这种苛刻空虚、无能于鉴赏的人物身上，探查最后一点生命残余。但一直以来，就是这种“批评家”构成了观众；大学生们、中小

---

① “没有强烈的病理兴趣……］歌德 1797 年 12 月 19 日致席勒的信。——编注

学生们，乃至于最善良的女人们，一概不知不觉地已经通过教育和报刊的塑造，形成了一种相同的艺术作品感受方式。艺术家当中的高贵人物面对这样的观众时，便指望激发出他们的道德和宗教力量，在本该有一种强大的艺术魔力让地道的听众心醉神迷的地方，却出现了替代性的对"道德的世界秩序"的呼唤。抑或，剧作家把当代政治社会中重大的、至少是激动人心的倾向十分清晰地端了出来，以至于听众忘记了自己批评力的衰竭，委身于那种类似于在爱国运动或战争时期、抑或在议会辩论或罪行和恶行审判时产
144 生的情绪——这种对真正的艺术倾向的疏离，在有些地方必定会径直导致一种倾向崇拜[①]。不过，这里也出现了在一切作假的艺术中一直发生的事，就是那些倾向的急速变质，以至于举例说来，把戏剧当作民众道德教育的活动来利用的倾向在席勒时代还是被严肃对待的[②]，现在则已经被归于一种失败教育的靠不住的古董了。当[③]批评家在剧院和音乐厅里、新闻记者在学校里、报刊在社会上获得了统治权，艺术便蜕化为一种最低级的娱乐物事了，而美学批评便被利用为一种虚荣、涣散、自私、贫乏而无创见的交际活动的联系手段了——叔本华那个有关豪猪的寓言[④]，可以让我们

---

① 此处"倾向崇拜"原文为 Cultus der Tendenz，或译为"趋势崇拜"。——译注

② 把戏剧当作民众道德教育……〕参看席勒的文章《把舞台视为一个道德机构》，载《散论集》，1802 年。——编注

③ 当〕准备稿：现在诱人的东西，人们可以根据当代小说来加以判断：但当代小说的形式和内容又以可怕的确定性揭示了观众对真实艺术的完全迟钝和麻木。而且当。——编注

④ 叔本华那个有关豪猪的寓言〕叔本华：《遗著》，第 2 卷，第 689 页（第 396 节）。——编注

理解这种交际活动的意义。结果是，没有一个时代有今天这么多关于艺术的空谈胡扯，也没有一个时代像今天这样低估艺术。但问题在于，一个能够谈论贝多芬和莎士比亚的人，我们还能与之打交道吗？且让每个人都按照自己的感觉来回答这个问题吧：无论如何，他都将用自己的答案来证明，他所设想的“教化”是什么——前提是，他毕竟要求解答这个问题，而不是已经因吃惊而说不出话来了。[①]

另一方面，一些天性高贵而细腻的能人高手，不论他们是否以上面描述的方式渐渐地变成了好批评的野蛮人，或许都能告诉我们一种十分出乎意料又完全不可理解的效果，比如一场成功的《罗恩格林》[②]演出对他们产生的效果：只不过，也许他们缺乏的是任何提醒和指点他们的手，以至于那种当时让他们大感震撼的完全令人费解和无与伦比的感觉，依然是零星个别的，犹如一颗神秘的星辰，闪烁了一下就熄灭了。但就在那一刻，他们猜度到了什么是审美的听众。

二十三

145

谁若想严格地检验一下自己，看看自己与真正的审美观众有多亲密，抑或自己在何种程度上属于苏格拉底式的具有批评倾向

① 说不出话来了。] 准备稿：说不出话来了。离开那个还能谈论莎士比亚和贝多芬的人，现在让我把友人带向一个高处，带向一种孤独的考察，在那里他将少有同伴。你看，我跟他说话，……。——编注

② 《罗恩格林》(Lohengrin)为瓦格纳的一部歌剧，首演于1850年。——译注

的人群，那么，他能够做的只是真诚地追问那种感觉，就是他在看到舞台上表现出来的**奇迹**时的感觉：他是否觉得在这里，他那以严格的心理因果性为标准的历史感受到了伤害，他是否以一种善意的妥协态度，承认这种奇迹仿佛是一种儿童能弄懂、却与他格格不入的现象，抑或是否他在这里遭受到某种别的东西呢？因为他以此即可衡量，他在多大程度上毕竟有能力来理解**神话**，理解这种浓缩的世界图景。而作为现象的缩影，神话是不能没有奇迹的。不过，大有可能的是，在严格的检验之下，几乎每个人都会觉得自己被我们教化中那种批判的①-历史的精神深深地败坏了，以至于只有通过学术的途径，通过中介性的抽象，我们才能相信昔日的神话实存。不过，要是没有神话，任何一种文化都会失去自己那种健康的、创造性的自然力量：唯有一种由神话限定的视野，才能把整个文化运动结合为一个统一体。唯有神话才能解救一切想象和阿波罗梦幻的力量，使之摆脱一种毫无选择的四处游荡。神话的形象必定是一个无所不在、但未被察觉的魔鬼般的守护人，在他的守护下，年轻的心灵成长起来，靠着它的征兆，成年人得以解释自己的生活和斗争。甚至国家也不知道有比神话基础更强大的不成文法了；这个神话基础保证了国家与宗教的联系，以及国家从神话观念中的成长过程。

现在让我们来比较一下没有神话引导的抽象的人，抽象的教育、抽象的道德、抽象的法律、抽象的国家；让我们来设想一下那种
146 无规矩的、不受本土神话约束的飘浮不定的艺术想象力；让我们来

① 批判的］准备稿：苏格拉底的。——编注

设想一种文化，它没有牢固而神圣的发祥地，而是注定要耗尽它的全部可能性，要勉强靠所有外来文化度日——这就是当代，是那种以消灭神话为目标的苏格拉底主义的结果。如今，失却神话的人们永远饥肠辘辘，置身于形形色色的过去时代中，翻箱倒柜地寻找本根，哪怕是最幽远的古代世界，人们也必得深挖一通。不知餍足的现代文化有着巨大的历史需要，把无数其他文化收集到自身周围，并且有一种贪婪的求知欲——这一切如果并不表示神话的丧失，并不表示神话故乡、神话母腹的丧失，又能指示着什么呢？我们要问问自己，这种文化如此狂热而又如此可怕的骚动，是不是就无异于饿汉的饥不择食和贪婪攫取呢？——这样一种文化无论吞食什么都吃不饱，碰到最滋补、最有益的食物，往往就把它转变成"历史和批判"，若此，谁还愿意给它点什么呢？

倘若我们德国性格已然与德国文化不可分解地纠缠在一起了，实即与之一体化了，其方式就如同我们在文明的法国惊恐地观察到的那样，那么，我们也必定要痛苦地对德国性格感到绝望了。长期以来构成法国的伟大优点、构成其巨大优势之原因的东西，正是那种民族与文化的一体化，看见这一点，我们便不禁为自己感到庆幸，因为直到现在为止，我们这种十分成问题的文化都是与我们民族性格的高贵核心毫无共同之处的。相反，我们的全部希望都渴求着那样一种感知，即：在这种不安地上下颤动的文化生活和教育痉挛背后，隐藏着一种壮丽的、内在健康的、古老的力量；诚然，这种力量只有在非同寻常的时刻才能强有力地发动一回，而后重 147
又归于平静，梦想着下一次觉醒。从这个深渊里产生了德国的宗教改革：而在它的赞美诗中首次响起了德国音乐的未来曲调。路

148 德的这种赞美诗[1]是多么深刻、勇敢和富于感情，是多么美好而温存，有如春天来临之际，从茂密的丛林里传来第一声狄奥尼索斯的迷人叫唤。争相回应这一叫唤声的，是狄奥尼索斯信徒那种庄重而纵情的游行队伍，我们要为德国音乐感激他们——我们也将为**德国神话的再生**感激他们！

我自知道，现在我必须把积极跟随的朋友带到一个适合于孤独考察的高地上，在那里，他将只有少数伴侣，而且我要激励他，对他喊道：我们必须紧紧抓住希腊人，那是我们光辉的引路人。为廓清我们的美学认识，我们前面已经从希腊人那里借用了两个神祇形象，其中每一个分别统辖一个独立的艺术领域，对于两者的相互接触和相互提升，我们已经通过希腊悲剧作了猜度。在我们看来，由于这两种原始的艺术冲动进入了一种令人奇怪的撕裂状态中，势必就导致了希腊悲剧的没落：而希腊民族性的蜕变和转化，是与这个没落过程相应的，这就要求我们严肃地思索一番，艺术与民族、神话与习俗、悲剧与国家，是如何在根基上必然地紧密连生在一起的。悲剧的没落同时也是神话的没落。在此之前，希腊人不由自主地不得不把他们体验到的一切立即与他们的神话联系起来，而且实际上，他们只有通过这种联系才能把握他们体验到的一切：这样一来，甚至最切近的当前事物，在他们看来也必定要 sub specie aeterni［从永恒的观点看］，在某种意义上必定显现为无时

---

① 路德的赞美诗(Choral)：又称“众赞歌”，是在马丁·路德的倡导下经过改革的新教赞美诗。它改变了只许唱诗班唱歌、不许会众唱歌的陋习；不再用拉丁文，而改用民族语言；音乐方面则把繁琐的复调体改为纯朴的和声体。众赞歌在巴洛克时期的音乐中占有重要位置。——译注

间的。而无论是国家还是艺术,都浸淫于这一无时间的洪流之中,方能在其中摆脱当下的重负和贪欲而获得安宁。而且,一个民族的价值——一个人亦然——恰恰仅仅在于,它能够给自己的体验打上永恒的烙印:因为借此它仿佛就超凡脱俗了,显示出它那种无意识的内在信念,亦即关于时间之相对性和关于生命之真实意义、即生命之形而上学意义的信念。当一个民族开始历史地把握自己,开始摧毁自己周围的神话堡垒时,就出现了与此相反的情况:与此相联系的通常是一种确定的世俗化,一个与其昔日此在的无意识形而上学的断裂,且带有全部的伦理后果。希腊艺术,尤其是希腊悲剧,首先阻止了神话的毁灭:人们必须一并毁掉希腊艺术,方能解脱故土的束缚,无拘无束地在思想、习俗、行为的荒漠里生活。即便到现在,那种形而上学的冲动也还力图在力求生命的科学苏格拉底主义中,为自己创造一种尽管已经弱化了的美化形式:不过,在较低级的阶段,这种冲动只是导致了一种发疯般狂热的搜寻,它渐渐迷失于从各处搜集来的神话和迷信的魔窟中了[①]——在这个魔窟的中心,却端坐着那个希腊人,依然怀着一颗不安的心,直到他懂得了——作为 Graeculus [小希腊人] ——用希腊的明朗和希腊的轻率来掩饰自己的狂热,或者用某种东方的陈腐迷信来把自己完全麻醉。

在经历了长期的、难以描写的中断之后,亚历山大-罗马的古代世界终于在十五世纪得到了重新关注。自那以后,我们已经以一

① 神话的没落。在此之前……] 准备稿:神话的没落:在它终结之后,出现了一种发疯般狂热的搜寻,这种搜寻在其最高贵的构成(作为苏格拉底主义)为科学奠定了基础,但在较低级的阶段,却导致了一个从各处移植来的神话的魔窟。——编注

种极其引人注目的方式接近上面描述的这种状况了。同一种过于丰富的求知欲，同一种不知餍足的发现之乐，同一种极度的世俗化，已经登峰造极了，加上一种无家可归的彷徨游荡，一种对外来
149 食物的贪婪掠夺，一种对当前事物的轻率宠爱或者麻木背弃，一切都要 sub specie saeculi［从世俗的观点看］，都要从“现时”的观点看——这些[①]相同的征兆令人猜度这种文化的核心处有一个相同的缺陷，令人猜度神话的毁灭。看起来几乎不可能的是，不断成功地移植一种外来神话，而又因这种移植而极度伤害自家文化之树——这棵树[②]也许是十分强壮和健康的，足以通过惨烈的斗争重又剔除那种异己元素，不过在通常情况下，它必定病弱而委靡，或者因病态的繁茂而消瘦不堪。我们高度评价德国性格所具有的纯粹而强大的核心，恰恰对于这种性格，我们敢于有所期待，期待它能剔除那些强行植入的异己元素，而且我们认为，德国精神是有可能反省自身的。有人也许会以为，德国精神必须从剔除罗马因素开始自己的斗争：他或许从最近一场战争[③]的胜利勇猛和浴血光荣当中，看到了一种为这种斗争所做的表面准备和激励，但他必须在竞争中寻找一种内在的必要性，即必须始终无愧于这条道路上的崇高的开路先锋，无论是路德还是我们的伟大艺术家和诗人们。不过，但愿他决不会以为，没有自己的家神，没有自己的神话故乡，没有一种对全部德国事物的“恢复”，他就能进行类似的斗

---

① 这些］1872 年第一版；1874/1878 年第二版付印稿：作为这些。——编注

② 这棵树］1872 年第一版；1874/1878 年第二版付印稿：作为这棵树。——编注

③ 指 1870—1871 年普法战争。——译注

争！而如果德国人战战兢兢地四处寻找一位向导①，由后者来把他带回到早就失落了的故乡，因为他几乎再也不认识回归故乡的路径了——那么，他能做的只是倾听狄奥尼索斯之鸟的充满喜悦的迷人叫声，这鸟正在他头上晃悠，愿为他指点返回故乡的道路。

二十四

在音乐悲剧的特有艺术效果中，我们不得不强调了一种阿波罗幻觉，通过这一幻觉，我们得以免于与狄奥尼索斯音乐径直融为 150
一体，而我们的音乐激情，则可以在一个阿波罗领域和一个插入其中的可见的中间世界里得到宣泄。这当儿，我们自以为已经观察到，正是通过这种宣泄，剧情过程中的那个中间世界，说到底就是戏剧本身，在某种程度上由里及表，变得明显可见和明白易解了，而那是其他所有阿波罗艺术所不能企及的程度：于是乎，在这里，在阿波罗艺术仿佛受到了音乐精神的激励和提升之处，我们就必得承认它的力量获得了极大的提高，因而在阿波罗与狄奥尼索斯的兄弟联盟中，无论是阿波罗的艺术意图还是狄奥尼索斯的艺术意图，都得到了极致的发挥。

诚然，通过音乐的内部光照，阿波罗的光辉形象恰恰没有达到低层次的阿波罗艺术所特有的作用和效果；史诗或者栩栩如生的石头②能够做到的事情，乃是迫使观看的眼睛达到那种对于 indi-

① 此处“向导”(Führer)或可译“领袖”。尼采在此虽未明言，但显然在暗示理查德·瓦格纳已可充当这个角色了。——译注

② 应指雕塑。——译注

viduatio[个体化]世界的宁静的欣喜，这一点在这里[①]是不可能达到的，尽管这里有着某种更高的栩栩如生和清晰明白的性质。我们观看戏剧，用逼视的目光深入到它内部活动的动机世界——然则在我们看来，似乎只有一个比喻形象从我们身旁掠过，我们相信差不多揣摩到了它那至深的意义，希望能像拉开一幅帷幕那样把它拉开，以便来看看它背后的原始形象。最清晰明亮的形象也满足不了我们：因为它好像既[②]揭示了某个东西又掩盖了某个东西；当它似乎以其比喻性揭示要求我们去撕碎面纱，去揭示那神秘的背景时，恰恰那种透亮的整体可见性又返过来迷住了眼睛，阻止它进一步深入。

我们经常碰到这样一种情况：既不得不观看又渴望超越这种观看。谁若没有体验过这种两难，他就难以设想，在欣赏悲剧神话
151 时，这两个过程是如何明确而清晰地同时并存和同时被感受的：而真正有审美趣味的观众则会向我证实，在悲剧的特殊效果中，这两个过程的并存乃是最值得奇怪的事了。如果我们现在把这个审美观众的现象转移到悲剧艺术家的一个类似过程上来，我们就理解了**悲剧神话**的起源了。悲剧神话既与阿波罗艺术领域一起分享那种对于假象和观看[③]的快感，又否定了这种快感，具有一种更高的满足，满足于可见的假象世界之毁灭。悲剧神话的内容首先是赞

---

① 应指在戏剧中。——译注

② 既] 1872年第一版；1874/1878年第二版付印稿：既 [译按：此处只有德语拼写之别，中文无法传达]。——编注

③ 观看] 1872年第一版；1874/1878年第二版付印稿：观看，[译按：此处只多了一个逗号]。——编注

美斗争英雄的史诗事件：英雄命运中的苦难、最惨痛的征服、最令人痛苦的动机冲突，质言之，表明那种西勒尼智慧的例证，或者用美学方式来讲，就是丑陋和不和谐，以无数繁多的形式、本着这样一种偏爱，总是重新得到描绘，而且恰恰是在一个民族最丰盛、最青春的年纪——然而，若不是正好对所有这一切感到一种更高的快乐，那么，上述这种本身谜一般的特征究竟从何而来呢？[①]

因为，生活中确有如此悲惨的事情发生，这一点是难以用来解释一种艺术形式的形成的——如若艺术不光是自然现实的模仿，而恰恰是自然现实的一个形而上学增补，是为征服它而被并置于它一旁的。只要悲剧神话毕竟属于艺术，那它也完全具有一般艺术的这样一种形而上学的美化意图：但如果悲剧神话是以受苦受难的英雄形象来展示现象世界的，那么，它到底美化了什么呢？决不[②]是这个现象世界的“实在性”，因为它径直对我们说：“看哪！好好看看！这就是你们的生活！这就是你们此在之钟上的指针！”

那么，神话向我们展示这种生活，是为了借此在我们面前美化它吗？如若不然，那么，当那些形象在我们面前掠过时，我们何以 152
也能有审美快感呢？我追问的是审美快感，我也完全明白，许多此类形象，除了审美快感外，间或还能产生一种道德愉快，诸如以同情或者德性胜利为形式的道德愉快。然而，如若你只想根据这个

① 从何而来呢?］准备稿：从何而来；［它诚然不可能来自阿波罗的区域；因为备受折磨的拉奥孔只不过是阿波罗艺术领域的一种蜕化，亦即一种向悲剧……］。——编注

② 什么呢？决不］1872年第一版付印稿；1872年第一版；1874/1878年第二版付印稿；大八开本版。在1874/1878年第二版中则为：什么呢；决不［译按：此处只有标点差别］。——编注

道德源泉来推导悲剧效果（诚然这在美学中已经流行得太久了），那也罢了，只是你不要自以为因此就为艺术做了些什么——艺术首要必须要求在其领域里的纯粹性。对于悲剧神话的解释而言，第一位的要求恰恰是，在纯粹审美的领域里寻找它所特有的快感，而不能蔓延到同情、恐惧、道德崇高的区域里。丑陋和不和谐，即悲剧神话的内容，如何可能激发一种审美快感呢？[①]

到这里，就有必要以勇敢的一跳，跃入一种艺术形而上学之中，为此我就要来重述我前面讲过的一个命题，即：唯有作为审美现象，此在与世界才显得是合理的[②]。在这种意义上，悲剧神话恰恰是要我们相信，甚至丑陋和不和谐也是一种艺术游戏，是意志在其永远丰富的快感中与自己玩的游戏。然而，这种难以把握的狄奥尼索斯艺术的原始现象，唯在音乐的不谐和音的奇特意义上，才能明白而直接地得到领会：正如一般而言，唯有与世界并置的音乐才能让人理解，对作为一个审美现象的世界的辩护意味着什么。悲剧神话所产生的快感，与音乐中不谐和音所唤起的愉快感觉，是有相同的根源的。[③] 狄奥尼索斯因素，连同它那甚至在痛苦中感受到的原始快感，就是音乐和悲剧神话的共同母腹。

---

① 审美快感呢？］准备稿：审美快感呢？［唯当它显现为艺术家的游戏，世界意志与自身玩的游戏时：如若对我们来说，有一种关于此在之永恒辩护的预感］。——编注

② 见上文第 5 节。尼采在那里的表述有所不同，书作：“唯有作为审美现象，此在与世界才是永远合理的”。——译注

③ 有相同的根源的。］准备稿中有一段续文：有相同的根源的：在高度发展的音乐形式中，不谐和音乃是几乎所有音乐要素的必要成分。——但我们必须探究音乐中不谐和音的意义，方能…… 其中真正理想主义的原理，同样的旋律以及和声的原因……，其真正的规定是原始快感的持续生产与同时对这种原始快感的消灭，没有它的魔力，旋律……。——编注

此间[1]借助于不谐和音的音乐关系，难道我们不是从根本上 153
把悲剧的效果这个难题简单化了么？现在，且让我们来弄弄明白，所谓在悲剧中既想要观看又渴望超越观看，这种状态到底意味着什么。就艺术中应用的不谐和音而言，我们或可对上述状态作如下刻画：我们既想倾听又渴望超越倾听。随着对于清晰地被感受的现实的至高快感，那种对无限的追求，渴望的振翅高飞，不禁让我们想到：我们必须把这两种状态看作一个狄奥尼索斯现象，它总是一再重新把个体世界的游戏式建造和毁灭揭示为一种原始快感的结果，其方式就类似于晦涩思想家赫拉克利特把创造世界的力量比作一个游戏的孩童，他来来回回地垒石头，把沙堆筑起来又推倒。[2]

可见，为了正确地评估某个民族的狄奥尼索斯才能，我们不光要想到这个民族的音乐，而且必然地也要把该民族的悲剧神话看作那种才能的第二个证人。现在，既然音乐与神话之间有着这样一种极为紧密的亲缘关系，我们同样也可以猜测：两者之间，一方的蜕化和腐化是与另一方的萎缩和凋敝联系在一起的——如若神话的衰弱根本上表达了狄奥尼索斯能力的削弱。而关于这两者，我们只要来看看德国性格的发展过程就不会产生怀疑了：无论是在歌剧中，还是在我们失却了神话的此在的抽象特征中，无论是在沦为娱乐的艺术中，还是在受概念引导的生活中，都有那种既非艺术又消耗生命的苏格拉底乐观主义的本性向我们显露出来。不

---

① 此间］1872 年第一版；1872 年第一版付印稿：此间，［译按：此处只多一个逗号］。——编注

② 指赫拉克利特残篇第 52。——译注

过，令我们安慰的是仍有一些迹象，表明尽管有上述问题，但德国
154 精神依然在美妙的健康、深邃和狄奥尼索斯力量中未受毁损，就像一个沉睡的骑士，安睡于一个无法通达的深渊——从这个深渊里升起狄奥尼索斯的歌声，这歌声向我们传来，要让我们明白，到现在，这位德国骑士也还在福乐而严肃的幻觉中梦想着他那古老的狄奥尼索斯神话。可别以为，德国精神已经永远丢失了它的神话故乡，因为它依然十分清楚地听到那讲述故乡美景的飞鸟的婉转声音。有朝一日，德国精神会一觉醒来，酣睡之后朝气勃发：然后它将斩蛟龙，灭小人，唤醒布伦希尔德[①]——便是沃坦[②]的长矛，也阻止不了它的前进之路！

我的朋友们啊，你们是相信狄奥尼索斯音乐的，你们也知道悲剧对于我们来说到底意味着什么。在悲剧中，我们拥有从音乐中再生后的悲剧神话——在悲剧神话中，你们满可以希望一切，忘掉最惨痛的事体。而对我们所有人来说，最惨痛的事体就是那种长久的屈辱，德国天才受此屈辱，疏离了家园和故乡，效力于狡猾小人。你们明白我的话——最后你们也将理解我的希望。

二十五

音乐与悲剧神话同样是一个民族的狄奥尼索斯能力的表现，而且彼此不可分离。两者起源于一个位于阿波罗因素之外的艺术

① 布伦希尔德(Brunhild)：日耳曼神话中的女武神。——译注

② 沃坦(Wotan)：日耳曼神话中的众神之长。——译注

领域；两者都美化了一个区域，在这个区域的快乐和谐中，不谐和音以及恐怖的世界图景都楚楚动人地渐趋消失；两者都相信自己有极强大的魔法，都玩弄着反感不快的芒刺；两者都用这种玩法为“最坏的世界”之实存本身辩护。在这里，与阿波罗因素相比较，狄奥尼索斯因素显示为永恒的和原始的艺术力量，说到底，正是这种 155
艺术力量召唤整个现象世界进入此在之中：而在现象世界的中心，必须有一种全新的美化假象，方能使这个生气盎然的个体化世界保持活力。倘若我们能设想不谐和音变成了人——要不然人会是什么呢？——那么，为了能够生活下去，这种不谐和音就需要一个壮丽的幻象，用一种美的面纱来掩饰它自己的本质。这就是阿波罗的真正艺术意图：我们把所有那些美的假象的无数幻景全归于阿波罗名下，它们在每个瞬间都使此在变得值得经历，并且驱使我们去体验下一个瞬间。

这当儿，有关一切实存的基础，有关世界的狄奥尼索斯根基，能够进入人类个体意识之中的东西不在多数，恰如它能够重又为那种阿波罗式的美化力量所克服，[①]以至于这两种艺术冲动不得不根据永恒正义的法则，按相互间的严格比例展开各自的力量。凡在狄奥尼索斯的强力如此猛烈地高涨之处（正如我们体验到的那样），阿波罗也必定已经披上云彩向我们降落下来了；下一代人可能会看到它那极其丰硕的美的效果。

而这种效果是必需的——对于这一点，或许每个人都能凭着

---

① 克服，］1872 年第一版；1874/1878 年第二版付印稿：克服：［译按：此处只有标点差异］。——编注

直觉十分确凿地感觉到，只要他（哪怕是在梦里）觉得自己被置回
到了古希腊的实存之中：漫步于高高的伊奥尼亚柱廊下，仰望着一
方由纯洁而高贵的线条分划出来的天穹，身旁闪亮的大理石反映
出自己得到美化的形象，周围有庄严地行进或者徐徐而动的人们，
唱着和谐的歌声，展现出节奏分明的姿态语言——面对这种不断
156 涌现的美的洪流，他怎么会不向阿波罗振臂高呼：“福乐的希腊民
众啊！如果得洛斯之神①认为必须用这样一种魔力来治愈你们的
酒神癫狂，那么你们当中的狄奥尼索斯必定是多么伟大
啊！②”③——而对于一个怀有如此心情的人，年迈的雅典人或许会
用埃斯库罗斯的崇高目光看着他，答道：“你这个奇怪的异乡人啊，
你倒也来说说：这个民族势必受过多少苦难，才能变得如此之美！
但现在，且跟我去看悲剧吧，到两位神祇的庙里和我一起献祭
吧！”④

---

① 得洛斯之神（der delische Gott）：指阿波罗。相传阿波罗出生在南爱琴海的得洛斯岛上。——译注

② 面对这种不断涌现的……］据准备稿：在这种希腊式的美之教育当中，他或许会对自己说：“现在你什么不能忍受啊！你在此能让自己首次启用何种程度的酒神癫狂啊！”——编注

③ 多么伟大啊！”］准备稿；1872 年第一版付印稿。在 1872 年第一版；1874/1878 年第二版付印稿；1874/1878 年第二版；大八开本版中则为：多么伟大啊”！［译按：此处只有标点位置之别］。——编注

④ 一起献祭吧！”］准备稿；1872 年第一版付印稿。在 1872 年第一版；1874/1878 年第二版付印稿；1874/1878 年第二版；大八开本版中则为：一起献祭吧”！［译按：此处只有标点位置之别］。——编注

科利版编后记[①]

尽管《悲剧的诞生》面世后已经整整一百年过去了，但从考订-历史的角度来看，这部著作依然是神秘兮兮的。古典的古代文化研究把尼采的想法当作非科学的东西默然不予理会。然则它本身有更多的成就来保障一种历史学上的真理性吗？流传下来的事实材料始终还是相同的、贫乏的和不可靠的。尤其是，人们根据亚里士多德的《诗学》来说明悲剧起源于酒神颂歌的领唱歌手和羊人剧。而未被驳斥的只有那种联系，即酒神颂歌的起源以及萨蒂尔形象所显示出来的与狄奥尼索斯崇拜的联系。其余的一切都是有待商榷的，或者不明朗的——起初有人断定，"悲剧"(Tragödie)一词的意义就如同"山羊之歌"(Bocksgesang)，到最后有人报道说，阿里翁在僭主佩里安德时期把酒神颂歌引入科林斯[②]，而经由公元前六世纪初僭主克里斯提尼的统治，歌颂英雄阿德拉斯托斯之苦难的悲剧合唱歌队，被搬弄到狄奥尼索斯崇拜上了。[③] 然而，在

---

① 科利版《尼采著作全集》第 1 卷《悲剧的诞生》之"后记"，见该书第 901—904 页。——译注

② 科林斯(Korinth)：古希腊城邦，位于伯罗奔尼撒半岛东北。——译注

③ 阿里翁(Arion，约公元前 600 年)：相传为古希腊诗人和歌手，酒神颂歌的发明者；佩里安德(Periander，约前 640—约前 560 年)：科林斯僭主、暴君；克里斯提尼(Kleisthenes，公元前 6 世纪)：古希腊雅典城邦著名政治改革家；阿德拉斯托斯(Adrastos)：希腊神话英雄，传说中的阿尔戈斯国王。——译注

悲剧之起源问题上最大的不可靠性却在于这样一种分歧，即：一方面是悲剧与狄奥尼索斯以及狄奥尼索斯崇拜有着无可争辩的联系，另一方面则是流传给我们的悲剧的内容，这两方面之间是不一致的；流传给我们的悲剧的内容只是偶尔让我们看出一种与狄奥尼索斯以及狄奥尼索斯崇拜的关联，本质上却是来自希腊人关于英雄和诸神的神话——也就是说，其来源领域是与史诗相同的。对于这一点，人们在古代就已经感到好生奇怪了。为了说明这种分歧和不合拍，尼采建议我们，把神话把握为尽力逃避其狄奥尼索斯激情的合唱歌队的阿波罗梦幻。的确，这样一来，流传下来的事实材料就通过一种审美心理学的直觉而得到了补充；但莫非我们就可以断言，过去一个世纪里出现的其他阐释是“更加科学、更加学术的”吗？要么，传统的某些元素得到了强调，而其他元素因此被忽视了，要么，人们在寻求一个统一的说明时引入了一些附加的观点，尤其是人种学的观点。于是，人们便来强调仪式的维度了，端出了一种与厄琉西斯宗教秘仪中的“多梅纳”[1]类似的东西——这也许竟是不无道理的，但却带着一个错误，就是要用某种更不熟悉的东西来说明某种不熟悉的东西。还要肤浅得多的做法是，人们谈论在英雄坟头举行的庆祝仪式，抑或谈论那些戏剧性的、神奇地被理解的宗教仪式，那些召唤植物界春天般的复苏和动物界丰盛的繁殖的仪式，最后，人们来谈论一种在狄奥尼索斯崇拜与奥西里斯[2]

① “多梅纳”(Dromena)：原意为“做了的事情”，是厄琉西斯秘仪中一项接近戏剧表演的活动，它被认为是“戏剧”(Drama)的起源。——译注

② 奥西里斯(Osiris)：埃及神话中的冥神。据传奥西里斯传入希腊后，才有了狄奥尼索斯神。——译注

崇拜之间的紧密关系，而同时，人们坚持悲剧中仪式性死亡的动机。

然而，尼采的《悲剧的诞生》并不是一种历史学的阐释。恰恰在它表面上似乎作为这样一种历史学的阐释而展开时，它转变为一种对整个希腊文化的阐释了，而且——仿佛它连这种渐趋模糊的视角也不满足——甚至还转变为一种哲学的总体观点了。那么，为什么要戴上这样一个假谦逊的面具呢？在某种意义上讲，尼采的《悲剧的诞生》是一部“极神秘的”著作，因为它要求一种授圣礼（Einweihung）。为了能够深入到《悲剧的诞生》的幻景世界中去，有一些阶梯是人们必须达到和克服的：有一种应该正确地理解的文学的授圣礼，在其中，宗教秘仪被印刷的话语所取代了。所以，《悲剧的诞生》也是尼采最艰难的著作，因为这位秘教启示者（Mystagoge）往往采取理性的语言，并且以此一次次进入到他努力要深入说明的世界里。连风格也透露了这样一种分歧：在《悲剧的诞生》中，尼采说的是德国古典主义的语言，还没有找到他那种全新的、独一无二的、与某种神秘语境相吻合的表达方式：一种风格形式的自主性、完美性，是无助于揭示不可言说的东西的。后来，尼采将在对内容保持距离的过程中发现自己是理智的，并且获得了自己独特的风格。

这还不是全部：那些神秘层次，在《悲剧的诞生》之前发生的、并且限定了该书之理解的神秘层次，并没有持续地增长起来，相反，它们可以说起源于那些汇合起来、最后在一个全新的幻景中——在于此得到传达的“启示”[①]中——登峰造极的对偶领域。

---

① 此处“启示”（Epoptie）语出希腊文 Epopteia，指厄琉西斯秘仪中的最终体验。——译注

一方面是上古的希腊世界，以博学进行了全方位的深入探究，但更多的是梦想，通过想象把它补充、重构为一种面目全非的生活——后者是以杂乱不堪的话语为基础的，是以品达和悲剧合唱歌队那种毫无联系的结巴话语为基础的。这是一种心醉神迷的狂喜经验，关于古代作者的读物的知情行家正是以这种经验实现了[对希腊世界的]接近。而另一方面，类似的是那种作为《悲剧的诞生》之基础的并列的和互补的经验：书面话语在此情形下是现代的，是阿图尔·叔本华的话语，但从中发出的强烈暗示却来自东方印度。事实上，并不是叔本华这位德国哲学家的理智结构对尼采产生了决定性的影响：叔本华乃是另一种经验的中间阶段，是一种整体文化的世界观点的传达者。

如若《悲剧的诞生》的确是以所有这一切为前提的，那就没必要在一种字面的、直接的意义上来接受和评价它的主张和断言了。另外，我们已经说过，这种神秘主义具有文学的烙印：它的仪式乃是阅读，对新幻景的传达是通过书面话语来实现的。这当中存在着一个重要的限制：抓住一种狂喜状态(Ekstase)，它似乎完全是从版式符号中突现出来的，并且在其中耗尽自己。同样理所当然地，以此方式形成的尼采的神秘语言，象征性地隐藏于一种关于过去的阐释背后，隐藏于一种关于已经远去的时代的阐释背后：历史学论著的形式好像是由这种秘传的经验机制来承担的，而正是这种内在的观照以奇妙的方式同时唤醒了两个在文字传统之前早已存在的世界，使之获得了新生。而且，在这部历史学论著中，并非偶然地，有关幻景本身的对偶原则——那是其不稳定性和怪异性所测定的一切——采取了苏格拉底这个人名；这个苏拉格底，尼采称之为“特殊的非神秘主义者”(第 90 页[①])。

然则构成尼采《悲剧的诞生》之基础的那种经验所具有的强度，是不能仅仅根据一种文学条件和状况来说明的：一种确实的、被体验的神秘主义力争进入这个结构之中，冲破了历史学论著的界限。这种直截了当的、而非间接的经验的仪式乃是音乐，而且这一点赋予《悲剧的诞生》的内容——它变成关于一个神祇即狄奥尼索斯的现象的叙述——以一种原始幻景的价值，摆脱了它那些文学条件，其实差不多是与后者相冲突的。书中有关《特里斯坦与伊索尔德》第三幕的讨论文字，有关音乐的不谐和音的讨论文字，就是这种直接性的例证。世界心脏中的不谐和音，为尼采本人所体验，作为一种震动、一种剧烈的战栗、一种激动的陶醉而为尼采本人所倾听：这就是他的经验。当叔本华以及那些把构成悲剧之基础的激情解释为原始痛苦的人们，力图使处于戏剧梦想之幻想当中的狄奥尼索斯合唱歌队摆脱这种原始痛苦，使之疏远于生命，这时候，尼采那种音乐的、非文学的激情却证明了“另一种”生命根基，那是“真正的”狄奥尼索斯、具有肯定力量的上帝、一种原始快乐。另一方面，一种文学的神秘主义与一种被体验的神秘主义的汇合——仿佛它们是同类的元素——也把一种不和谐带入《悲剧的诞生》的结构之中了：把瓦格纳捧到如此显要的地位上面，采用瓦格纳所主张的若干个论点以及当时德国现实中的另一些偶然元素，这些都是极其严重的后果。在这里，如同后来在其他形式中，尼采相信生活与写作是可以相互结合的，但以这样一种过于紧密的联系，他却犯了幼稚和愚蠢的罪过。

---

① 此处为科利版第 1 卷之页码，即本书边码，余同。——译注

译后记

弗里德里希·尼采(Friedrich Nietzsche,1844—1900 年)26 岁时当上了巴塞尔大学的古典语文学教授。德语区的教授位置不容易。尼采既当上了教授,就不免要显示学问本事。看得出来,少年得志的尼采一开始还是蛮想做点正经学问的,花了不少硬功夫,写下了他的第一本著作:《悲剧的诞生》(*Die Geburt der Tragödie*),初版于 1872 年。但这却是一本令专业同仁集体讨厌和头痛的书,甚至尼采自己后来也说过,这是一本"不可能的书",写得不够好,但当时的大人物理查德·瓦格纳却对它赞赏有加,在出版后一个多世纪里,它也一直不乏阅读者和研究者。到如今,我们若要数出尼采留给人类的少数几本"名著",是必定要把这本《悲剧的诞生》算在里面的。

通常人们把尼采的《悲剧的诞生》视为一部美学或艺术哲学名著,这不成问题,它当然是、而且首先是一部美学的著作,因为它主要就是讨论"希腊悲剧"这个艺术样式及其"生"与"死"的。但我想说,它更是一部一般思想史上的重要著作,而不只是美学的或文艺的。在本书中,尼采借助于希腊悲剧来讨论艺术文化的本质,推崇把"阿波罗元素"与"狄奥尼索斯元素"这两种原始力量交集、融合起来的希腊悲剧艺术,从而建立了他那以古典希腊为模范的宏大文化理想。也因为有了这个理想，尼采的《悲剧的诞生》表面上看来是一部“怀旧之作”，实际上却是有直面现实和指向未来的力量。

在16年后写成的《一种自我批评的尝试》(以下简称《尝试》)一文中，尼采说《悲剧的诞生》首次接近于他自己的一个“使命”，就是“用艺术家的透镜看科学，而用生命的透镜看艺术”。[①] 这话已经透露了尼采的思想姿态定位：审美的但不只是审美的，同时也是生命哲学的、甚至形而上学的。于是我们便可以理解，尼采在书中提出、并且多次强调的一个最基本的命题是：“唯有作为审美现象，世界与此在(或世界之此在)才是有理由的。”(第47页)

同样也在《尝试》一文中，尼采指明了《悲剧的诞生》的根本反对目标：古典学者对于希腊艺术和希腊人性的规定，即所谓“明朗”(Heiterkeit)(第11页)。德语的Heiterkeit一词的基本含义为“明亮”和“喜悦”，英文译本作serenity(宁静、明朗)；前有“乐天”、“达观”之类的汉语译名，我以为并不妥当。尼采这里所指，或与温克尔曼在描述希腊古典时期雕塑作品时的著名说法“高贵的单纯，静穆的伟大”(edle Einfalt und stille Größe)相关，尽管后者并没有使用Heiterkeit一词。我们在译本中试着把这个Heiterkeit译为“明朗”，似未尽其“喜悦”之义，不过，好歹中文的“朗”字也是附带着一点欢快色彩的。另一个备选的中文译名是“明快”，姑且放在这儿吧。

尼采为何要反对“明朗”之说呢？“明朗”有什么不好吗？尼采

---

① 尼采：《悲剧的诞生》，科利版第1卷，第14页。以下引该书均在文中标出页码。

会认为，那是古典学者们对于希腊艺术和希腊文化的理性主义规定，是一个"科学乐观主义"的规定，完全脱离了——歪曲了——希腊艺术文化的真相，以及人生此在的本相。艺术理想决不是简简单单的"明朗"，而是二元紧张和冲突；人生此在也未必单纯明快、其乐融融，而是悲喜交加的——充其量也就是"苦中作乐"罢了。怎么能把希腊的艺术和人生看成一片喜洋洋呢？

尼采要提出自己的艺术原理，来解决文化和人生的根本问题。众所周知，尼采是借助于日神阿波罗（Apollo）和酒神狄奥尼索斯（Dionysus）这两个希腊神话形象来传达自己的艺术观和艺术理想的。阿波罗是造型之神、预言之神、光明之神，表征着个体化的冲动、设立界限的冲动；狄奥尼索斯则是酒神，表征着融合和合一的冲动。展开来说，如果阿波罗表征着一种区分、揭示、开显的力量，那么，狄奥尼索斯就是一种和解、消隐、归闭的力量了，两下构成一种对偶的关系。尼采也在生理意义上把阿波罗称为"梦"之本能，把狄奥尼索斯称为"醉"之本能。

尼采的阿波罗和狄奥尼索斯这两个神祇固然来自古希腊神谱，但其思想渊源却是被尼采称为"哲学半神"的叔本华。有论者主张，在《悲剧的诞生》中，叔本华是权威、隐含主题、榜样和大师的混合。[①] 书中诸如"个体化原理"、"根据律"、"迷狂"、"摩耶之纱"之类的表述均出自叔本华。更有论者干脆说，"尼采的阿波罗和狄奥尼索斯……乃是直接穿着希腊外衣的表象和意志"。[②] 这大概

---

① 贾维那：《叔本华作为尼采的教育者》，载《尼采与古典传统续编》，刘小枫选编，田立年译，华东师范大学出版社，2008年，第427页。

② 努斯鲍姆：《醉之变形：尼采、叔本华和狄奥尼索斯》，同上书，第469页。

是比较极端的说法了，但确凿无疑的是，《悲剧的诞生》的核心思想是由叔本华的意志形而上学来支撑的。

这种学理上的姻缘和传承关联，我们在此可以不予深究。从情调上看，叔本华给予尼采的是一种阴冷色调，让尼采看到了艺术和人生的悲苦根基。在《悲剧的诞生》第3节中，尼采向我们介绍了古希腊神话中酒神狄奥尼索斯的老师和同伴西勒尼的一个格言。相传佛吉里亚的国王弥达斯曾长久地四处追捕西勒尼，却一直捉不到。终于把他捉住之后，国王便问西勒尼：对于人来说，什么是最妙的东西呢？西勒尼默不吱声，但最后在国王的强迫下，只好道出了下面这番惊人之语："可怜的短命鬼，无常忧苦之子呵，你为何要强迫我说些你最好不要听到的话呢？那绝佳的东西是你压根儿得不到的，那就是：不要生下来，不要存在，要成为虚无。而对你来说次等美妙的事体便是——快快死掉。"（第35页）对于短命的人——我们绍兴乡下人喜欢骂的"短命鬼"——来说，"最好的"是不要出生，不要存在，"次好的"是快快死掉，那么，"最不好的"——"最坏的"——是什么呢？上述西勒尼的格言里没有明言，但言下之意当然是：活着。

人生哪有好事可言？人生来就是一副"苦相"——生老病死都是苦。对人来说，最糟、最坏的事就是活着。借着西勒尼的格言，尼采提出了一个沉重无比的生命哲学的问题：活着是如此痛苦，人生是如此惨淡，我们何以承受此在？在《悲剧的诞生》中，尼采追问的是认识到了人生此在之恐怖和可怕的希腊人，这个"如此独一无二地能承受痛苦的民族，又怎么能忍受人生此在呢？"（第36页）尼采一直坚持着这个问题，只是后来进一步把它形而上学化了。在大约十年后的《快乐的科学》第341节中，尼采首次公布了他后期的“相同者的永恒轮回”思想，其中的一个核心说法就是：“存在的永恒沙漏将不断地反复转动，而你与它相比，只不过是一粒微不足道的灰尘罢了！”并且设问：“对你所做的每一件事，都有这样一个问题：‘你还想要它，还要无数次吗？’这个问题作为最大的重负压在你的行动上面！”[①]尼采此时此刻的问题——所谓“最大的重负”——变成了如何面对仓促有限的人生的问题，彰显的是生命有限性张力，然而从根本上讲，仍旧是与《悲剧的诞生》书中提出的生命哲学问题相贯通的，只不过，尼采这时候首次公开启用了另一个形象，即“查拉图斯特拉”，以之作为他后期哲思的核心形象。

问题已经提出，其实我们可以把它简化为一句话：人何以承受悲苦人生？

尼采大抵做了一个假定：不同的文化种类（形式）都是为了解决这个人生难题，或者说是要为解决这个难题提供通道和办法。在《悲剧的诞生》中，尼采为我们总结和分析了三种文化类型，即：“苏格拉底文化”、“艺术文化”和“悲剧文化”，又称之为“理论的”、“艺术的”和“形而上学的”文化。对于这三个类型，尼采是这样来解释的：“有人受缚于苏格拉底的求知欲，以及那种以为通过知识可以救治永恒的此在创伤的妄想；也有人迷恋于在自己眼前飘动的诱人的艺术之美的面纱；又有人迷恋于那种形而上学的慰藉，认为在现象旋涡下面永恒的生命坚不可摧，长流不息……”（第115页）

---

① 尼采：《快乐的科学》，科利版第3卷，第570页。

在上面的区分中，“苏格拉底-理论文化”比较容易了解，尼采也把它称为“科学乐观主义”，实即“知识文化”，或者我们今天了解的以欧洲-西方为主导的、已经通过技术-工业-商业席卷了全球各民族的哲学-科学文化；在现代哲学批判意义上讲，就是苏格拉底-柏拉图主义了。尼采说它是一种“科学精神”，是一种首先在苏格拉底身上显露出来的信仰，即“对自然之可探究性的信仰和对知识之万能功效的信仰”（第111页）。简言之，就是两种相关的信仰：其一，自然是可知的；其二，知识是万能的。不待说，这也是近代启蒙理性精神的根本点。这种“苏格拉底-理论文化”类型的功效，用我们今天熟悉的语言来表达，就是要“通过知识获得解放”了。而苏格拉底的“知识即德性”原理，已经暴露了这种文化类型的盲目、片面和虚妄本色。

尼采所谓的“艺术文化”是什么呢？难道尼采本人在《悲剧的诞生》中不是要弘扬艺术、提倡一种“艺术形而上学”吗？它如何区别于“悲剧-形而上学文化”呢？我们认为，尼采这里所说的“艺术文化”是泛指的，指他所推崇的“悲剧”之外的其他全部艺术样式，也就是人们通常所了解的艺术，而在尼采这里，首先当然是“阿波罗艺术”了。这种“艺术文化”类型的功能，用我们现在的话来说，就是“通过审美获得解放”，或者以尼采的讲法，是“在假象中获得解救”。拿希腊来说，尼采认为，以神话为内容的希腊艺术就是希腊人为了对付和抵抗悲苦人生而创造出来的一个“假象世界”。“假象”（Schein）为何？“假象”意味着“闪耀、闪亮”，因而是光辉灿烂的；“假象”之所以“假”，是因为“美”，是美化的结果。希腊创造的“假象世界”就是他们的诸神世界。尼采说：“希腊人认识和感受到了人生此在的恐怖和可怕：为了终究能够生活下去，他们不得不在这种恐怖和可怕面前设立了光辉灿烂的奥林匹斯诸神的梦之诞生。"(第 35 页)我们知道，希腊神话具有"神人同形"的特征，诸神与人类无异，好事坏事都沾边。于是，以尼采的想法，希腊人正是通过梦一般的艺术文化，让诸神自己过上了人类的生活，从而就为人类此在和人类生活做出了辩护——这在尼采看来才是唯一充分的"神正论"(第 36 页)。显而易见，旨在"通过假象获得解放"的艺术文化也不免虚假，可以说具有自欺的性质。

在三种文化类型中，最难以了解的是尼采本人所主张和推崇的"悲剧-形而上学文化"。首先我们要问："悲剧文化"何以又被叫做"形而上学文化"呢？这自然要联系到尼采对悲剧的理解。尼采对希腊悲剧下过一个定义，即"总是一再地在一个阿波罗形象世界里爆发出来的狄奥尼索斯合唱歌队"(第 62 页)。希腊悲剧是两个分离和对立的元素——阿波罗元素与狄奥尼索斯元素——的结合或交合。在此意义上，希腊悲剧已经超越了单纯的阿波罗艺术(造型艺术)与狄奥尼索斯艺术(音乐艺术)，已经是一种区别于上述"艺术文化"的特殊艺术类型了。而希腊悲剧中发生的这种二元性交合，乃缘于希腊"意志"的一种形而上学的神奇行为，就是说，是一种"生命意志"在发挥作用。尼采明言："所有真正的悲剧都以一种形而上学的慰藉来释放我们，即是说：尽管现象千变万化，但在事物的根本处，生命却是牢不可破、强大而快乐的。这种慰藉具体而清晰地显现为萨蒂尔合唱歌队，显现为自然生灵的合唱歌队；这些自然生灵仿佛无可根除地生活在所有文明的隐秘深处，尽管世代变迁、民族更替，他们却永远如一。"(第 56 页)在这里，尼采赋予悲剧以一种生命/意志形而上学的意义。“悲剧文化”这条途径，我们不妨称之为“通过形而上学获得解放”。

在尼采眼里，前面两种文化类型，无论是通过“知识/理论”还是通过“审美/假象”，其实都是对“人何以承受悲苦人生?”这道艺术难题的逃避，而只有“悲剧-形而上学文化”能够正视人世的痛苦，通过一种形而上学的慰藉来解放悲苦人生。那么，为何悲剧具有形而上学的意义呢？根据上述尼采的规定，悲剧具有梦（阿波罗）与醉（狄奥尼索斯）的二元交合的特性。悲剧一方面是梦的显现，但另一方面又是狄奥尼索斯状态的体现，所以并非“通过假象的解救”，而倒是个体的破碎，是“个体与原始存在的融合为一”（第62页）。这里所谓的“原始存在”（Ursein），尼采在准备稿中也把它书作“原始痛苦”，在正文中则更多地使用了“太一”（das Ur-Eine）一词，实质上就是指变幻不居的现象背后坚不可摧的、永恒的生命意志。悲剧让人回归原始母体，回归原始的存在（生命/意志）统一性，“让人们在现象世界的背后、并且通过现象世界的毁灭，预感到太一怀抱中一种至高的、艺术的原始快乐”（第141页）。在这种形而上学意义上，“原始痛苦”与“原始快乐”根本是合一的。

尼采的《悲剧的诞生》一书实际上只是要解决一个问题：悲剧之“生”和“死”，以及悲剧死后的文化出路。或者分述之，尼采在本书中依次要解决如下三个问题：悲剧是如何诞生的？悲剧是如何衰亡的？悲剧有可能再生吗？而与这三个问题相关的依次是三个核心形象：狄奥尼索斯、苏格拉底和瓦格纳。关于狄奥尼索斯与悲剧的诞生，我们已经说了个大概。至于悲剧的死因，尼采从戏剧内部抓住了欧里庇得斯，而更主要地是从外部深揭猛批哲学家苏格拉底，把后者看作希腊悲剧的杀手。于是我们可以想见，在上述尼采否定的两个文化类型——“苏格拉底-理论文化”和“艺术文化”——中，尼采更愿意把“苏格拉底-理论文化”树为敌人，把它与他所推崇的“悲剧-形而上学文化”对立起来。

最后还得来说说第三个问题和第三个形象。悲剧死后怎么办？悲剧有可能再生吗？怎么再生？在哪儿再生？这是尼采在《悲剧的诞生》一书后半部分所讨论的主要课题。尼采寄望于德国哲学和德国音乐。在德国哲学方面，尼采痛快地表扬了哲学家康德、叔本华，说两者认识到了知识的限度，战胜了隐藏在逻辑之本质中的、构成我们文化之根基的“乐观主义”，甚至于说他们开创了一种用概念来表达的“狄奥尼索斯智慧”(第 128 页)。而在德国音乐方面，尼采指出了从巴赫到贝多芬、从贝多芬到瓦格纳的“强大而辉煌的历程”(第 127 页)。尼采把悲剧的再生与德国神话的再生联系起来，更让我们看出瓦格纳对他的决定性影响。我们知道，尼采把《悲剧的诞生》一书题献给理查德·瓦格纳，尽管在该书正文中，瓦格纳这个名字只出现了少数几次，但瓦格纳是作为一个隐而不显的形象潜伏于尼采的论述中的。现在，尼采认为，瓦格纳正在唤醒“德国精神”——“有朝一日，德国精神会一觉醒来，酣睡之后朝气勃发：然后它将斩蛟龙，灭小人，唤醒布伦希尔德——便是沃坦的长矛，也阻止不了它的前进之路！”(第 154 页)这话当然让瓦格纳喜欢，因为它差不多已经把瓦格纳当作“德国精神”的领袖了。

不过，这般大话却让后来的尼采深感羞愧。在《一种自我批评的尝试》中，尼采把他在《悲剧的诞生》一书中对“德国精神”的推崇和赞美引为一大憾事。好好地讨论着希腊悲剧，竟讲到“德国精神”那儿去了，看起来也算是有了一种当下关怀和爱国情绪，但结果却不妙，是败坏了“伟大的希腊问题”。尼采此时坦承：“在无可指望的地方，在一切皆太过清晰地指向终结的地方，我却生出了希望！我根据近来的德国音乐开始编造‘德国精神’，仿佛它正好在发现自己、重新寻获自己似的……”（第 20 页）看得出来，尼采这番告白不光有自责，更是话里有话，有含沙射影地攻击瓦格纳的意味了。

——当然，这已经是 16 年之后，是与瓦格纳决裂后的尼采了。

最后还要交代一下译事。本书译事始于 2008 年 12 月，其时我刚刚做完了科利版《查拉图斯特拉如是说》的翻译工作；再之前，商务印书馆已于 2007 年出版了由我翻译的科利版《权力意志》两卷本（即科利版第 12 卷和第 13 卷）。这两部属于后期尼采的代表作。我于是想，应该把早期尼采的代表作《悲剧的诞生》一并译出来，头尾接通，方能从整体上把握尼采的思想线路。一时兴起，就译了一部分。但因为当时还承担着别的一些任务，主要有海德格尔的《哲学论稿》、《同一与差异》，尼采的《瓦格纳事件》等，有的已经做完了初译，有的做了个半拉子，所以决定先停下《悲剧的诞生》译事。此后，商务印书馆约我主持《尼采著作全集》的汉译工作，自然得把《悲剧的诞生》译事继续做下去了。

自 2009 年 9 月的冬季学期开始，我在同济大学人文学院开设

《悲剧的诞生》研究生专题课(讨论课),便重新来对付这本《悲剧的诞生》翻译。一学期下来,随着课程的进展,也只是完成了前面9节而已。2010年冬季学期,我又在同济大学人文学院重新开设这门课程,所以不得不在暑假里腾出时间来,重新开始翻译此书。两个学期的课堂讨论使我获益不少,也自然增进了我对本书的理解。

本书有好几个英译本,在翻译和课程讨论过程中,我主要参考了道格拉斯·施密斯的新译本:Friedrich Nietzsche, *The Birth of Tragedy*, trans. by Douglas Smith, Oxford University Press, 2000。这个英译本对于译者的理解帮助很大,译者并且参考和采纳了英译本的部分注释。特此说明。

尼采的《悲剧的诞生》在20世纪80年代中期就已经有了周国平先生的中译本(收在北京三联书店的"现代西方学术文库"里面),译文品质不俗,流传亦甚广,可谓影响巨大,对于80年代的"美学热"和"文化热"起到了推波助澜的作用。我手头还有缪朗山先生的中译本(中国人民大学出版社1979年版)和新近增加的赵登荣先生的译本(漓江出版社2007年版)。在一些译名的翻译和部分段落的校订过程中,我曾参考过上述周国平先生和赵登荣先生的中译本。

我的译文是根据科利版《尼采著作全集》第1卷做的,又根据第14卷补译了相应的编注(均改为当页注),自己也加做了不少中译者注释,因此至少在内容上看,我的译本应该是比前译更完备的一种(篇幅上也已大大增扩了),唯希望在译文品质上也有所提高。自然,译无止境,本人仍盼着方家指正。

译文后半部分(第16—25节)是我在2010年10月至11月客

居香港道风山时做的。友人杨熙楠先生以及香港汉语基督教文化研究所其他同仁给予我和家人诸多关照和帮助。参与我的讨论班的博士生们，特别是余明锋、马小虎、曲立伟、高琪、韩玮、张振东等几位同学，就译文中的一些译名提出过一些有益的建议和意见，在此一并致谢。

2010 年 11 月 18 日记于香港道风山

2011 年 3 月 22 日再记于沪上新凤城

图书在版编目(CIP)数据

悲剧的诞生/(德)尼采著;孙周兴译.--北京:商务印书馆,2025(2025.12重印).--(中外哲学典籍大全).--ISBN 978-7-100-24683-5

Ⅰ. B83-095.16

中国国家版本馆CIP数据核字第2024DU5587号

中外哲学典籍大全·外国哲学典籍卷

悲剧的诞生

〔德〕尼采 著

孙周兴 译

商务印书馆出版

(北京王府井大街36号 邮政编码100710)

商务印书馆发行

北京科信印刷有限公司印刷

ISBN 978-7-100-24683-5

2025年3月第1版 开本710×1000 1/16

2025年12月北京第2次印刷 印张14

定价:78.00元